내 향 육 아

어느 조용하고 강한 내향적인 엄마의 육아 이야기

이연진 지음

위즈덤하우스

2 내향 엄마의 가정식 책육아

3 꼬마 과학자네 부엌 실험실과 아날로그 육아

4 내향 엄마로 나아가기

내향인의 육아,
아무도 알려주지 않던 이야기

"엄마, 엄마, 엄마, 엄마!!"

아이가 나를 부릅니다. 설거지에 몰두하며 상념에 빠져 있던 호사는 그렇게 끝이 나 버렸습니다. 머릿속 생각의 퍼즐이 거의 다 맞춰지던 순간이었습니다. 갑작스런 아이의 호출에 퍼즐은 흩어져버렸고 깜짝 놀란 나는 현실로 불려옵니다. 에너지가 썰물처럼 빠져나갑니다.

내향적인 저는 생각에 잠기거나 책을 읽고 글을 쓰는 일을 좋아합니다. 이는 저에게 큰 기쁨이자 힘이 되지요. 하지만 아이를 낳고는 모든 감각과 기능이 외부(아이)를 향하게 되었습니다. 눈도, 귀도, 머리도, 가슴도.

주 기능인 내향성과 감성을 쓰지 못하니 매 순간 좌절이 몰려옵니다. 혼자 있는 시간이 산소만큼이나 필요한데 그럴 수 없으니 숨이 막힙니다. 다른 엄마들처럼 친구를 만나고 영화도 보고 여행도 가봤지만, 더 피곤해질 따름입니다. 비록 아이의 사랑스러움이 나를 위로한다지만, 매일 육아에 에너지 마지막 한 톨까지 탈탈 털리는 '에너지 푸어'가 되어갑니다.

저처럼 조용히 내면에 접속하며 에너지를 얻는 사람들이 있습니다. 이들을 심리학에서는 '내향인'이라고 칭합니다. 기준은 '에너지의 방향성'. 내향적인 사람은 에너지가 내부로 흐르며 에너지를 자기 내부에서 얻습니다. 반면 외부 자극에는 쉽게 에너지를 빼앗기곤 하지요.

하지만 백 퍼센트 외향적이거나 백 퍼센트 내향적인 사람은 없다고 합니다. 내향성과 외향성은 누구에게나 공존합니다. 만약 자신의 에너지가 어디로 더 향하는지 안다면 자신을 파악하는 데 도움이 될 터이며, 당연히 육아에도 큰 영향을 미칠 것입니다. 주의해야 할 점은 내향성은 타고난 '성향'이지 '성격'이 아니라는 겁니다.

외향적인 사람이라고 무조건 활발한 건 아니며, 내향적인 사람이 꼭 내성적인 사람도 아닙니다. 개인의 성격은 타고난 성향과 주변 환경이 빚어낸 산물이거든요. '엄마로서의 성격'에도 '내향적인 성향'은 바탕이 될 테고요.

저 역시 내향적이기에 육아를 하며 안으로 골똘했습니다. 그러다가 제 육아가 기존의 육아와 결이 조금 다르다는 생각이 들었습니다. 모호하던 것들이 선명해지던 순간, 그때 알았습니다. 지극히 내향적인 제가 외향적인 육아 세계에 아무 준비 없이 던져져 있다는 것을요.

'내향인 엄마'에 대한 이야기는 들어본 적이 없었기에 의외의 지점에서 어리둥절하고 고달프고 서러웠습니다. 대책도 없이 에너지를 뺏겼고 스트레스를 받았습니다. 너무 많은 말과 정보, 선택과 결정에 압도당했습니다. 방법을 바꿔야 했습니다. 내향적인 나는 나를 먼저 들여다봐야 했어요. 그렇게 조금씩 저의 내향성을 이해하고 그 특성을 육아에 활용하기로 했습니다.

저는 이제 자신 있게 말할 수 있습니다. 내향인의 육아기는 자기 안의 진정성에 닿아가는 기간이 되어야 합니다. 이기적인 처사는 아닙니다. 그래야만 육아를 위한 새로운 에너지와 영감을 얻을 수 있거든요.

그렇게 고군분투하는 시간을 쌓아갔습니다. 육아는 차츰 수월해졌고 자아관과 라이프 스타일도 바뀌었습니다. 저는 지금 어느 때보다 편안하고 충만합니다. 아이도 씩씩하고 행복한 소년으로 잘 자라고 있답니다.

내향인의 육아, 힘든 만큼 해볼 만한 경험이라는 생각이 들었습니다. 내향인의 육아에 깃드는 특유의 빛깔과 감촉을 모르고 지나치지 않아 다행입니다.

많은 내향인이 예상치 못하거나 준비되지 않은 일을 시작할 때 어려움을 겪는다고 합니다. 하지만 내 앞에 누군가 있었음에 안도한 후로는 한결 차분하게 집중할 수 있지요. 어딘가에 나와 같은 이가 있다는 것은 멀지만 분명한 위안입니다. 통계에 의하면 인구의 약 삼분의 일이 내향인이라 합니다. 적지 않은 수이지요. 부족하지만, 저를 포함한 그들이 안으로 충만하고 행복한 부모가 되는 데 도움이 되기를 바라며 이 글을 씁니다.

1

나는 내향적인 엄마입니다

겁 없 이 엄 마 가 되 어 서 는

"저희 애가 내성적이라서요…….."

　새로운 사람을 만날 때면 엄마는 그렇게 말씀하시며 말끝을 흐
리셨다. 아빠는 방에 있는 나를 산으로, 들로 부단히 끌어내셨다.
감수성 풍부하고, 겁 많고, 혼자 조용히 집중하기 좋아하는 나는
바깥보다는 안, 중심보다는 주변이 편했다. 딸이 리더가 되길 원
하는 엄마의 바람에 덜컥 반장이 되어 오기도 했지만, 원의 중심
에 들어가야 하는 이유는 딱히 몰랐다.
　동시에 걱정이 많고 쉽게 긴장해서 무언가를 시작하는 데 시간
이 많이 걸리기도 했다.
　부모님과 선생님, 자기 계발서 저자들이 답답해하는 인간 유
형. 그들은 내가 내면과 관념 대신 외부 현실을 보길 바랐고, 집

에 머무는 대신 밖에 나가 무리 짓기를 원했다.

그 시선, 그 분위기에 나는 점차 내향성을 감추게 되었다.

조용한 고등학교 시절을 보내고 마주한 대학교는 별세계였다. '어떻게든 바빠져라' 누구도 이렇게 강요하지는 않았지만 3월의 캠퍼스는 대체로 그런 분위기였다. '인싸' 되기가 공동의 목표랄까. 주말에도 집회나 모임에 불려 다니고 관심도 없는 동아리 활동도 해야 했다.

당시 싸이월드는 '누가 누가 더 외향적인지' 뽐내는 장이었다. (지금의 인스타그램도 크게 다르진 않다.) 와자지껄, 매일매일, 밤새도록, 활력 넘치는 그들과 다르게 나는 매 순간 하품만 나왔다.

다음 학기, 개별적인 시간표를 짜고 동아리를 탈퇴했다. 그리고 살금살금 숨어든 도서관에서 랭보를 만났다. 차례로 제인 오스틴과 프루스트, 오스카 와일드를 만났다. 놀라웠다. 내가 만나고 싶은 이들은 모두 '안'에 있었다. 도서관 3층 서가에.

하라는 공부는 안 하고 예술사와 심리학 서적을 탐독하는 날들이 이어졌다. 학과 모임은 빠질 수 있는 한 야무지게 빠졌다. 약속이 취소되면 슬그머니 즐거웠다.

셰익스피어부터 프랑수아즈 사강까지 예술가들을 만나며 그들의 이야기를 듣는 게 좋았다. 무엇보다도 그들 스스로 선택한 고독이 미더웠다. 일방적일지라도 처음 느껴보는 동질감이었다. 그렇게 도서관 구석에서 대학 시절을 보냈다. 곁에는 개인적인 시간과 공간을 존중해주는 최정예 친구들만 남았다.

아마 그쯤이었을 거다. MBTI 검사를 했던 건. 결과는 취업을 앞둔 나에게 갑작스런 찬물 세례였다. 내향적인 몽상가는 행동하고 쟁취하는 2000년대 인재상과 거리가 멀었다. 속에 뭔가가 얹힌 듯 체기가 들었다.

'여자라면 ~~처럼' 류의 책들이 인기를 누리던 시절이었다. 그때 가장 인기 있던 롤모델이 힐러리 클린턴, 오프라 윈프리, 한비야였다. 그녀들은 거침없고 에너지가 넘치는 활동가였고, 결단력과 자신감이 넘쳤다. 세트장으로, 유세장으로, 지도 밖으로 당당히 행군하며 자신들의 존재를 드러냈는데, 어쩐지 내게는 머나먼 존재처럼 느껴졌다. 오래된 신화나 영웅담의 주인공처럼.

행동보다 사색을, 춤보다 잠을, 배낭여행보다 '출발 비디오 여행'을 더 좋아하는 이십 대는 동정의 대상이었다. 왜인지 세상은 자꾸만 내 등을 떠밀었다. 멘토를 찾으라고, 계몽하라고, 지금 너만 조용하다고, 여자의 인생은 이십 대에 결정된다고.

마침 입사 준비가 맞물려 벼랑 끝에 선 심정이었다. 교육학을 공부했지만 선생님이 되고 싶지는 않았다. 외향적인 다른 사람처럼 살아보고도 싶었다.

그저 조금 더 무뎌지고 강해졌으면 했다. 그래서 덜덜 떨며 연극 무대에도 서 봤고 '자아 단련'하듯 학교 홍보 대사로도 활동했으며 이런저런 스터디에도 참여했다. 어느 집단에서든 가장 목소리 크고 에너지 넘치는 친구들과 어울렸다. 하지만 결과적으로 [적극적이고 외향적인 성격]이라는 뻔한 구절은 내게 어울리는 것도, 쉽게 동화될 만한 것도 아니었다. 내향적인 나를 저 깊숙한 곳에 구겨 넣고 가짜 나를 앞세워 입사했을 때, 나는 이미 지쳐 있었다.

그리고 회사 생활이 시작됐다. 한 기업의 해외 마케팅실. 나는 당차고 똑소리 나는 사람들, 외국에서 공부한 사람들 틈에 끼어 있었다.

어리바리한 내가 '불이라도 낼까 봐' 매일 걱정했다. 임원에게 혼쭐이 나는 사람들을 옆에서 볼 때면 내 일처럼 아팠고, 문제라도 생기면 다 내 탓 같아 움츠러들었다.

부당하게 밀려드는 일을 거절할 줄도 몰랐다. 좋게 말해 '소극적 평화주의자'인 셈인데, 거절하고 불편해지느니 손해 좀 보더라도 그냥 내가 다 하는 식이었다.

직원들은 적극적이고 능력도 출중했다. 외국 생활을 오래 해서일까? 어떤 일이 생겨도 "자신 있습니다!" 하고 달려들었다. 허둥대는 것 없이 빠르게 일을 처리하는 것은 물론 드라마에 나오는 직장인 같은 과장된 활기도 장착하고 있었다. 회식 자리를 신명 나게 즐길 줄도 알았다. 입이 떡 벌어졌다. 무작정 따라 하다 간 황새 쫓는 뱁새 꼴이 되겠지.

내가 믿을 건 '엉덩이 힘'뿐이었다. 일단 파티션 뒤로 사라지면 꼼수도, 오버도 없이 눈앞에 떨어진 일에만 집중했다. 노심초사하며 작은 일도 몇 번씩이나 점검하고 돌아보았다. 여유 있게 일하는 세련된 사람들 틈에서, 개미같이 일하는 나를 발견하면 왠지 부끄러웠다. 어떤 이는 조금만 애써도 고생한 티가 팍 나던데 나는 어쩜 그리도 표가 나지 않던지. 하물며 아플 때조차 얌전히 아파서, 끙끙 아픈 날에도 편히 쉬질 못했다.

어떤 선택이나 질문 앞에서도 자신만만한 사람들, 미안한 기색도 없이 일을 툭 던져놓고 사라지는 사람들, 쉬운 일만 도맡는 사람들을 볼 때면 궁금했다.

대체 그런 기술은 어디서 살 수 있는 거지?

'착하고 성실하다'는 말을 이름보다 더 많이 들었다. '어린데 당차다'고도 했다. 그랬을지도. 그때 나는 외향적이고 진취적인 사회인으로 둔갑해 있었으니까.

하지만 아무리 애를 써도 무력하게 상처받고 쉽게 자책했다. 남들은 후 불어 털어내는 먼지 같은 일도 내겐 시한폭탄처럼 느껴졌다.

내 눈에 회사는 파이팅 넘치는 외향인들이 노를 저어 움직이는 커다란 배 같았다. 어떻게든 그 틈에 끼어 노를 저으려고 애썼다.

그렇게 버텨내며, 어느 날 내게도 장점이 있음을 알아갔다. 조용하지만 맡은 일에는 성심껏 집중했다. 낯은 가렸지만, 동료들과 좋은 관계를 유지했다. 2년쯤 지났을 때 회사 사장실에서 나를 탐내고 있다는 '~카더라' 소문이 돌기 시작했다. "연진 씨 대단해. 회사에 자기 싫다는 사람 없더라." 그런 얘기가 들려왔을 즈음 서둘러 회사를 나왔다. '나는 이런 사람이구나. 이럴 수도 있는 사람이구나.' 어쩌면 그걸로 충분했는지도 모르겠다.

그렇게 양파 껍질 벗기듯 나에 대해 알아가던 날들은 그쯤에서 멈춰졌다.

내 향 적   인 간   둘

어릴 땐 왜 활동적인 사람처럼 보이고 싶어 그렇게 애를 썼던 것일까?

힙 플레이스도 좀 가보고 괜찮은 모임에도 얼굴을 내미는 사람, 이왕이면 그런 존재로 비치고 싶어 허세를 부리기도 했다.

물론 그 기간이 길지는 않았다. 나는 거기서 재미를 찾는 데 실패했다. 나도, 너도, 맥락도 없는 놀이는 대체로 피곤한 것이었다. 하지만 그로부터 '노는 것 중 최고는 나 자신과 잘 노는 것'이라는 진리 하나는 건질 수 있었다. 결국, 내적 흥이 오르는 지점을 아는 것도, 그걸 느끼는 것도 나 자신이니까.

그즈음 남편을 만났다. "저는 집순이예요." 뜸 들일 것도 없이 그 자리에서 바로 성토해버렸다. 지금으로부터 십여 년 전은 집순이라는 용어 자체가 설던 시절이다. '혼자'가 트렌드인 지금과

달리, 그 당시만 해도 이런 사람은 히키코모리나 지루한 인물로 쉽게 낙인찍히곤 했었다. 그리하여 이 고해성사는 용기를 요하는 일이었다. 외향적인 가면을 쓰고 허세를 부리던 당시의 나에겐 더욱.

　그와는 스미듯 가까워졌다. 조심스레 시작했고 뜸 들이듯 탐색했다. 행여나 무른 마음에 상처라도 생길까 두려웠기 때문이다.
　많은 내향인이 그렇게 옷깃을 여미지 않던가. 내게 잘 맞는 사람이란 걸 깨닫는 어떤 계기가 없으면 섣불리 다가가지 않는다. 만인의 연인이 되려는 공산 없이, 딱 한 줌의 사람에게만 호기심과 애정을 쏟는다. 각자의 이유가 있겠지만 내 경우에는 맞지 않는 이에게까지 에너지를 짜내고 싶지는 않아서였다.
　나는 한 사람이 올 때면 그 사람의 과거와 미래, 품고 있는 모든 것이 함께 온다고 생각한다. 그것이 마치 해일처럼 느껴져 겁이 났다. 그 감정의 파동만으로도 장거리 달리기를 한 것처럼 기진맥진해져, 늘 목이 마르고 배가 고팠다.

　그럼에도 기어코 나의 세계를 누군가에게 풀어내는 일.
　동시에 누군가의 세계로 들어가는 일.
　사랑이었다.

단언컨대 나는 야구장을 싫어하는 사람이었다. 그 많은 사람 틈에서 고함을 지르며 몇 시간 동안 진을 친다? 이해할 수가 없었다. 그런 내가 그와 함께 야구장에 다니고 사회인 야구 모임에도 나가기 시작했다. 남편이 나와 함께 미술관에 다니게 된 것도 이때부터였다.

남편은 보통의 이십 대와 달리 탈색된 주말을 보내는 나를 신기하게 생각했다. 하지만 무리한 계획을 늘어놓지는 않았다. 긴 드라이브를 하고, 강가를 걷고, 서점에 갔다.

눈앞에 앉은 내가 생각에 잠겨 멍한 표정이 되어도 그는 나를 불러내지 않았다. 나 역시 그가 바쁠 시간에는 전화를 걸지 않았다. 우리는 서로 오랫동안 말도 놓지 못했지만 불편한 사이는 아니었다. 오히려 서로를 마구잡이로 침해하지 않는 우리는, 닮아서 편했다.

학창 시절 나의 우상이 랭보였다면 남편의 우상은 마이클 조던이었다. 랭보와 조던, 그 둘의 거리는 대서양만큼이나 멀지만, 이들을 향한 우리의 열정의 깊이는 비슷했다.

내가 시집을 끼고 다녔듯 남편은 농구공을 들고 다녔고, 내가 도서관에 머문 시간만큼 남편은 농구 코트에서 시간을 보냈다. 통한 것은 바로 그 부분이었으리라. 이상을 향한 조용한 헌신.

'취미는 달라도 취향은 같아'라는 유행가 가사를 어린애처럼

더하기보다 덜기를, 북적임보단 한적함을,

말하기보다 듣기를, 빠름보다 느림을,

원색보다 무채색을 선호하는 내향적 인간 둘.

동경하던 때가 있었다. 영혼의 공명, 소울메이트, 이런 말을 판타지처럼 섬겼다. 그러나 현실은 남편은 영화관에서 자고 나는 야구장에서 잔다는 것이었다. 나는 사람 많은 곳을 질색하지만, 남편은 대수로워하지 않았다. 휴대폰을 고를 때 남편은 성능을, 나는 디자인을 봤다.

당혹스러워도 상대를 나에게 맞추려 억지를 부리진 않았다. 사소한 다름은 관계의 양념이 되기도 하니까. 눈송이의 모양이 전부 다르다고 뭐라고 할 수는 없지 않은가. 하물며 개인을 이루는 색조와 성분은 그보다 훨씬 무궁무진한 것이었다.

그럼에도 나와 닮은꼴인 그를 볼 때면 안도가 몰려왔다. 더하기보다 덜기를, 북적임보단 한적함을, 말하기보다 듣기를, 빠름보다는 느림을, 원색보다 무채색을 선호하는 내향적 인간 둘.

우리는 달라서 끌렸고 닮아서 끌렸다. 모두가 똑같다면 세상은 지루해질 테고, 모두가 극렬히 다르다면 관계는 전쟁이 될 테다. 어쩌면 끌림에는 이유가 없는지도 모르겠다.

대학 시절, 부업마냥 친구들의 연애 상담을 해주곤 했다. 그간 파고들었던 책과 영화들 덕분이었다. 비록 글로 배운 연애가 베이스였지만 내 상담은 인기가 많았다. 주로 외로움 많이 타고 늘 누군가와 함께 있고 싶어 하는 친구들이 상담 요청을 해왔다. 그들이 가지고 오는 이야기는 각양각색이었지만, 모든 상담의 귀결은 같았다. 유약하거나 불안정하지 않을 것, 자기 자신에게 솔직할 것. 물론 나 자신에게 다짐하는 말이기도 했다.

그러던 어느 날 픽 웃음이 났다. 여우 아닌 곰과인 내가 연애 상담을 해주고 있다니. 대체 무슨 일이야? 제 코가 석 자 아닌가. 그때 친구가 그랬다. "너는 고양이 같은데, 곰도 여우도 아니야."

고양이? 내가? 떠다니던 물음표는 최근에야 사라졌다. 블로그 이웃들의 고양이에 관한 글을 읽으며 무릎을 쳤다. 맞다. 내향인과 고양이는 어딘지 닮아 있었다. 그들은 이렇게 속삭이는 생물이다.

혼자서 충전하고,
혼자서도 잘 지내지만,
당신이 있어서 더 좋아.

때 로 는 커 튼 을 친 다

돌이켜보면 웃음이 날 정도로 자연스러웠다. 당장 눈앞에 작은
것 하나에도 벌벌 떠는 내가, 먼 미래에 대해선 어쩜 그리도 낙관
적일 수 있었는지. 결혼 앞에서 나는 이상하리만치 담담했다.

순진하게도 한 남자와 한솥밥 먹고 한 이불 덮고 자는 건 소꿉
놀이 같은 경험이 아닐까, 신이 났었다. 아무 제약 없이 새벽 축
구 중계 시청이나 와인 바 투어 같은 것들을 함께할 수 있다니 얼
마나 좋은가 하면서 말이다. 그러나 결혼 전 설레며 적어둔 계획
들은 대부분 지켜지지 못했다.

결혼과 동시에 임신이, 임신과 동시에 입덧이 시작됐기 때문
이다.

임신 기간 내내 혹독한 입덧을 했다. 우리는 신혼 재미를 볼 새

없이 부모가 되었다. 모든 게 조심스럽기만 했다. 힘들어서, 피곤해서이기도 했다. 그 흔한 위로도 점점 인색해졌다.

에너지는 고이는 대로 몽땅 아이에게 써버렸다. 굳이 없는 힘을 그러모아 서로의 노고를 저울질한 건 왜 때문이었을까. 극심한 피로는 팽팽한 긴장을 불러왔다.

남편이 늦는 날이면 시지푸스의 바위가 떠올랐다. 여자에게 육아란, 신화 속 시지푸스처럼 무거운 돌을 계속 밀어 올려야 하는 형벌이란 생각이 들어서였다. 물론 남자도 바위를 같이 민다. 최선을 다해 밀기도 한다. 하지만 그는 좀 더 자유롭다. 공간의 안팎을 왔다 갔다 하며 바위를 잠시 내려놓을 수 있는 여지가 있으니까. 물리적으로도, 심적으로도 말이다. 반면 여자에게는 선택권이 없다. 엄마니까. 어떤 일이 있어도, 전력을 다해 밀어야만 한다. 그뿐인가. 이 돌 좀 같이 들자고 남자를 구슬릴 줄도 알아야 한다.

똘똘한 새댁들은 남편에게 이것저것 부탁도 잘하던데, 어리숙한 나는 속으로 끙끙대다 빵 터지기 일쑤였다. 육아 초반, 내가 남편에게 가장 많이 들은 말은 그거였다.

"진작 말하지 그랬어."

그러나 절박함은 사람의 성분을 바꾸기도 하는지 아이가 커 갈수록 부탁은 쉬워졌고, 완벽한 뒷정리는 모르는 일이 되어버렸다. 살기 위한, 일종의 생존 본능처럼.

진한 전우애도 피어났다. 간신히 아이를 재우고 탈진한 어느 밤, 아이를 가운데 두고 누운 우리는 전쟁 영화 속 패잔병처럼 겨우 숨만 쉬고 있었다. 온 감각이 마비된 듯한 그때 손끝에 닿아오던 따스함, 그건 '남의 편' 아닌 '내 편'만이 줄 수 있는 온기였다. 마음이 탁 풀렸다. 백지장도 맞들면 낫다는데 바위…… 아니, 한 사람의 인생을 지고 가는 부부야 오죽할까. 구르던 마음이 한곳으로 모였다.

연애를 미드로 배우던 시절, 즐겨보던 '섹스 앤 더 시티'에 이런 에피소드가 있었다. 주인공 캐리는 연인과 함께 살게 됐는데, 그를 사랑하는 마음과 별개로 혼자일 수 없어 괴로워한다.

연인을 집에 둔 채, 노트북을 들고 커피숍과 호텔 방을 전전하던 캐리의 묘수는, 방 한가운데 커튼을 치는 것이었다. 얇은 커튼 뒤로 사라지며 그녀는 정중히 말했다. "제발 한 시간만 나한테 말을 걸지 말아줘. 이기적으로 들리겠지만 나에겐 절실해. 이걸 닫으면 난 여기 없는 거야. 한 시간 동안 나 여기 없다! 고마워. 사랑해."

괜한 오버라며 대수롭지 않게 여기던 이 장면이 결혼 후 문득문득 재생되는 것이었다.

일찍이 버지니아 울프가 말하지 않았던가. 여성이 자유의 문을 열 수 있는 두 가지 열쇠는 고정적인 소득과 자기만의 방이라고.

외부를 향한 문을 닫으면 자유의 문이 열린다. 내겐 그런 일들이 절실했다. 이불 동굴 속에서 공상하기, 거울 보며 정성껏 크림 바르기, 끝도 없이 웹서핑하기. 그냥 나로서 누구에게도 들키고 싶지 않은 순간들.

캐리의 커튼은 내게도 필요했다. 물론, 소심한 나는 커튼 봉을 다는 대신 욕실로 들어갔다.

욕조에 따뜻한 물을 받고 입욕제를 푼다. 몸과 마음을 압박하던 모든 요구와 장식물을 벗어던진다.

이 안에서라면 문을 잠가도, 노래를 불러도, 멍을 때려도 괜찮다.

그 어떤 말도, 행동도, 반응도 요구되지 않는 작은 공간. 그 안에서 굳은 몸과 마음은 스르르 풀어졌다.

욕실 밖에서 남편은 남편 나름의 휴식을 취한다. 문 너머로 스포츠 중계 캐스터의 열띤 목소리, 운동용 바이크 바퀴 돌아가는 소리, 노트북 두드리는 소리가 들려온다.

김이 뭉게뭉게 피어나는 욕실 문을 열고 나와 남편 곁에 앉는다. "고마워. 사랑해."라고 말할 수 있는 생기가 그제야 돈다. 그리고 쏟아지는 하루치의 이야기.

결혼 9년 차, 여전히 조심스러운 우리는 많은 것을 함께하지만, 모든 것을 함께하려는 오만함은 갖지 않는다. 동시에 어떤 것에 대해서라도 둘만의 언어로 이야기할 수 있는 여유를 공유한다.

남편이 아이와 산보를 나간 오후,

혼자 있을 때 주로 듣는 글렌 굴드의 바흐 앨범을 걸었다.

동류가 줄 수 있는 행복은
그런 게 아닐까.
잘 짜인 모듈 가구처럼
따로 또 같이, 괜찮을 수 있는 것.
물론 두말할 필요 없이
그 기본은 애정과 신뢰다.

사실, 철저히 혼자가 되고 팠던 날에도 마음 한구석에는 '혼자가 아니니까 괜찮아.' 하는 은근함이 있었을 것이다. 곁에 항상 누군가가 있다는 든든한 마음, 우리는 그 마음에 뿌리를 둔다.

때로는 홀로 커튼을 쳐도, 모두가 파자마를 입고 맨발이 된 저녁, 그 따스한 소란은 얼마나 큰 위안이 되던가. 길가의 풀 한 포기조차 혼자서는 자랄 수 없음을 깨닫는 매일이다.

경험해보니 그렇다. 심리적으로 안정될수록 더 큰 행복감을 느끼는 나에게 결혼은 괜찮은 선택이었다. 내밀하고 사소한 것들로 메꾸어지는 행복은 일상을 살아가는 에너지가 된다.

우리는 조용조용 서로를 아낀다. 비타민을 챙겨주고, 화장실을 치워두고, 때때로 손 편지를 써준다. 어쩌다 대단한 뭔가를 해주기보다 평소에 상대가 싫어하는 걸 안 하는 쪽을 택한다.

둘만의 이야깃거리가 떨어지면 남편 차에 슬쩍 나누고픈 CD나 책을 놓아둔다. 그러면 저녁상엔 자연스레 관련된 이야기가 오르곤 한다. 관심 있어 할 만한 링크를 보내주는 것도 재미있는 일이다. 최근 나는 남편에게 마이클 조던에 관한 (그가 내향인이라는!) 기사를 보내줬고, 남편은 나에게 글렌 굴드의 연주 영상을 보내왔다. '취미는 달라도 취향은 같은' 환상의 소울메이트는 만나는 게 아니라 만들어지는 것이리라.

한숨 돌릴 만하니 비로소 보인다.

아이를 키우며 겪는 소소한 해프닝들, 둘뿐일 때는 미처 몰랐던 서로의 새로운 면모들, 그 부딪침과 맞춰감의 순간들이 얼마나 사랑스러운지.

애틋해서, 마음이 쓰여서 오차는 메워진다. 둘 중 한 사람이 앓아누우면 다른 한 사람이 돌봐주고, 하나가 바쁘면 다른 하나가 아이를 데리고 장을 본다. 무엇이든 함께하는 데 점점 익숙해져 간다.

저녁 약속을 잡을 때면 상대방을 한 번 더 생각하게 된다. 무얼 하든 서로의 의견을 미리 묻는 게 자연스럽다. 가끔 티격태격하긴 해도, 육아 초기만큼의 기세는 아니다.

남편은 샤워할 때 노래하듯 내 이름을 부르곤 한다. 깜짝 놀라 왜 불렀냐고 물으면 '좋아서'란다.

　결혼은 연애의 한 과정일 뿐 그 종착지는 아니었다. 완전할 리 없다. 하지만 우리는 지금 이대로 진행 중이고, 나는 행복하다.

'홀몸'이 아니라는 것

육아는 문외한이었다. 아이가 배 속에 있을 때까지도 그랬다. 입덧은 괴롭고 몸은 무거웠지만, 배 속 아이와 조용히 교감하는 임신기는 나름의 분위기가 있었다.

클래식 음악을 듣고 조그마한 배넷저고리를 만들며 육아의 세계는 고요하고 섬세하고 부드러우리라 어림했다.

책 읽고, 일기 쓰고, 기도하며 잔잔한 물결을 즐기는 일상이 영원할 줄 알았다. 육아는 내향적인 나도 잘할 수 있는 어떤 것이리라 기대했지만, 덜 익은 환상이었다.

아이가 태어나자마자 알게 되었다. 육아 역시 덜 내성적이고 더 사교적이며, 더 활동적이면 훨씬 수월하겠구나. 사실 임신 말기에도 어렴풋이 느낄 수는 있었다. 배가 나올수록 나와 남의 경계가 흐릿해져 갔다. 어딜 가든 그야말로 시선 집중이었다. 그런 상황에 익숙하지 않은 나는 귀까지 빨개지곤 했다.

그 무렵 흔하게 듣는 두 가지 질문이 있었다.

"몇 개월이에요?"

"아들이에요? 딸이에요?"

물론 다정한 관심은 고마웠다. 대중교통에서 자리를 양보해주거나 가방을 들어주는 친절도 여러 번 경험했다. 하지만 예기치 않게 마음이 상할 때도 있었다.

"아들 배네. 요즘 세상에 아들은 낳아서 뭐 해?"

"첫쨴가? 셋은 낳아야지."

모르는 사람들이 나에게 이토록 적극적으로 다가오는 건 처음이었다.

어쩌면 그동안 나는 막을 치고 다녔는지도 모르겠다. '접근하지 마세요. 조용히 있고 싶어요'라고 쓰여 있는 막. 하지만 둥글게 불러오는 배는 서서히 그 막을 열어젖혀 버렸다. 갑자기 세상에 드러난 기분이었다. '아들 맞고요. 가족계획은 저희가 알아서 하겠습니다.' 대답은 속으로 집어삼켰다.

엄마가 되기 위해 사교성과 사회성이 필요하다고 느낀 건 단체활동이 시작되면서부터였다. 예컨대 문화센터 임산부 요가 시간에 만난 이들과 막역한 동지가 되어 누구와도 한 적 없는 이야기를 나누던 날, 임신이 된 경위라든지 어디가 어떻게 아프다든지 남편도 모르는 그런 은밀한 이야기들이 오가던 그날부터.

그렇게 불쑥, 새 국면이었다. 돌이켜보면 나 같은 겁쟁이가 매달 그 수상하고도 요상한 검사들을 담담히 치러낸 것도 믿기지 않는 일이다. 자꾸만 울렁대고 끓어오르다 나른해지는 건 다가올 짝사랑의 전조였을 것이다.

좋기로는 산책이 제일이었다. 혼자 걸으며 배 속 아기에게 말 거는 일은 영 어색했지만 나중에는 종알종알 잘도 다녔다. 그득하지 않아도 달콤한 충만함, 예상치 못한 씩씩함, 그런 새로운 기세가 있었다. 혼자 있어도 홀몸은 아니었기에.

그득하지 않아도 달콤한 충만함, 예상치 못한 씩씩함,

그런 새로운 기세가 있었다.

혼자 있어도 홀몸은 아니었기에.

천국보다 낯선, 산후조리원

아기가 태어나고 조리원에 들어가면 진짜가 시작된다. 내무반이 이런 모습일까? 모두 같은 옷을 입고 같은 음식을 먹으며 종일 함께 울고 웃는다. 당연하지만 출산 이야기, 모유 수유와 유방 이야기가 연일 흥행이다. 실로 오랜만에 단체 생활에 던져졌다.

매일 일정한 에너지와 신경을 조리원 식구들에게 좋은 인상을 남기는 데 할애해야 했다. 지속되던 어지러움이 빈혈 때문만은 아니었을 터. 이곳의 단체 생활은 보통 단체 생활이 아닌, 말 그대로 '가슴을 열고 허심탄회한' 대화를 나누는 생활 아닌가. 사적인 영역을 중시하는 내게 최적의 장소는 아니란 느낌이 바로 들었다.

"연진 씨는 친구 안 만들어?"

며칠이 지난 후 남편이 물었다. 엄마들과 몰려다니지 않는 내가 좀 안쓰러웠는지.

"엄마들 커피숍 가던데 같이 안 가?"

"응. 안 간다고 했어."

"밥은 누구랑 먹어?"

"옆방 엄마랑 먹거나 혼자 먹어."

혼밥 쯤이야. 아무렇지 않게 웃어 보이는데, 남편은 못내 걱정스러운 눈치다. 사교적이지 못한 내 모습이 부끄러워 슬쩍 웃음을 거뒀다.

"조리원 친구 생기면 좋은 거 아니야? 혜원 씨도 친구 만들라고 그랬잖아."

그렇지만 나는 조리원에 새 친구 만들러 온 게 아닌데.

조리원 동기가 얼마나 좋은지는 익히 들어 알고 있었다. 인터넷엔 그들의 우애가 군대 동기보다 끈끈하다는 증언이 줄을 잇는다. '조리원 동기'는 조리원의 효용에 기본적으로 포함되는 항목 같았다. 친구를 사귀지 못하면 부대시설이나 프로그램을 이용 못하는 것처럼, 응당 아까운 마음이 들어야 하는 듯 보였다.

식탁이나 공용 거실 쇼파에 앉으면 자연스레 대화가 시작됐다.

주요 질문은 "언제 출산하셨어요?", "자연 분만이에요, 제왕 절개예요?", "아들이에요, 딸이에요?" 등인데 옆자리 상대가 바뀔

때마다 되풀이된다. 어색했지만 최대한 명랑하게 묻고 답했다. 먼저 친해진 이들 틈을 비집고 들어가고 싶지는 않고, 새로 온 사람들끼리는 서먹하다. 혼자 다니는 내 모습이 처량해 보이진 않을지 신경 쓰였다. 지금 생각해보면 별것 아닌 그 감정이 그땐 어찌나 크게 느껴지던지.

밥을 먹거나 수유를 하는 개인적인 순간에도 무해한 미소를 머금고 있어야 했다. 새로운 가족이 생긴 일생일대의 나날에도 친구를 만들어야 하다니. 왜냐면 다들 그렇게 하니까. '나'는 괜찮지만 '윤하 엄마'는 외톨이이면 안 되니까. 조리원 생활을 했는데 조리원 동기가 없는 사람은 나뿐일지도 모르니까.

방문을 열고 나갈 때마다 숨을 크게 들이쉬었다.

'외로워 보이면 안 되겠지! 무슨 말을 해야 하지?', 익숙한 고민이 뭉게뭉게 피어난다.

신경 써야 할 일이 갑자기 너무 많이 생겨버렸다. 아기, 조리원 식구들, 새로운 환경. 태어난 아이도 낯설고, 출산한 나도 낯선데, 주변은 더 낯설다. 이럴 줄 알았더라면 조리원을 택했을까. 내게 조리원은 천국이라기보단 '낯선 곳'이었다.

'조리원 천국'이라는 찬양들을 보며 아이를 낳으면 당연히 조리원에 가야 하는 줄로만 알았다. 더 정확히는 안 가면 큰일 나는 줄 알았다. 초산인 우리가 조리원을 선택한 기준은 환경과 채광이었다. 산 가깝고 창 넓은 곳을 찾느라 멀리 분당까지 달렸으니, 다른 조건은 생각도 안 했던 것이다.

조금 더 요령이 있었더라면 엄마들끼리의 거리나 온도가 적정히 유지될 수 있는 조리원을 찾았을 터였다. 내가 있던 조리원은 특히나 푸근하고 개방적인 분위기였는데, 조용한 임신 생활을 하던 나에겐 급격한 변화였다. 많은 사람 틈에서 에너지는 썰물처럼 빠져나갔다. 그 와중에 수유 호출과 각종 프로그램에 바쁘게 불려 다니며 몸과 마음이 어수선했다.

다들 괜찮은데 나만 수시로 배탈이 났다. 그건 억지스러운 공감 나누기를 멈추고 방으로 들어가라는 몸의 신호였다. 집 생각이 간절하고 가족이 그리웠다.

지인들에게 이런 이야기를 하면 십중팔구 "네가 너무 예민해서 그래." 또는 "뭘 그렇게 신경 써? 그냥 쉬어."라는 말이 돌아온다. 그럴 수도.

그러나 이런 이가 나뿐은 아니었는지, 온라인에는 심심찮게 그런 글들이 올라온다. 내성적이라 다른 엄마들에게 다가가기 힘들다는 이야기, 개별적으로 행동하는 자신이 이상한 거냐는 질문, 왕따 같아 보일까 봐 드는 걱정…….

모르는 이들과의 생활이 내향인에게 편할 리 없다. 랜덤의 사람들이 모여 있는 환경도, 누군가에게 관찰되는 것도 그리 달갑지는 않다. 관계 개척과 친밀 유지에는 막대한 에너지가 드는 법이다.

조리원에서 모르는 이들에게 쓴 에너지를 막 태어난 아이에게 나눠줬으면 더 좋았을걸. 남의 시선보다 더 중요한 것을 의식했어야 했다.

나 같은 누군가가 있다면 좋은 만남을 기대하되 연연하지는 않았으면 좋겠다. 정말, 괜찮다. '엄마 친구'들은 계속 생기고, 참여할 모임 역시 계속 늘어난다. 출산이라는 큰일을 겪었으니 따뜻한 밥 맛있게 먹고 푹 쉬는 데 집중하는 것이 마땅치 않을까.

출산이라는 인생의 새 장을 좀 더 편안히 맞이하고 싶다면, 조리원 선택에 신중해야 한다. 프라이버시를 최대한 확보할 수 있는 곳을 찾기 바란다. 굳이 조리원에 가야 할 이유가 무엇인지도 한 번 더 생각해볼 일이다.

엄마 되기만큼 어려운, 산모 되기

긴 조리원 생활을 마치고 집으로 돌아오던 날을 기억한다.

모든 것이 그대로였다. 창가엔 오후의 빛이 들어와 크고 연한 나무 그림자가 어른거렸고 방에는 봄기운 같은 아기 섬유유연제 냄새가 은은히 감돌고 있었다. 안온함에 몸이 탁 풀어졌다. 마침내, 우리는 세 식구가 된 것이다.

가방을 맨 채 침대로 직행했다. 그대로 잠이 들어버릴 것만 같았다.

"애기 엄마, 잠깐 와봐요."

허스키하고 낮은 목소리. 아, 한 분이 더 계셨다. 산후 도우미 이모님. 겁 많은 나를 위해 투입된 특수 요원. 물색없는 나는 앞으로 한 달간 이모님께 기술을 배우고 수시로 들썩이는 마음도 의지할 참이었다.

이모님께서 끓여주신 미역국을 먹는 건 좋았다. 우는 아이와 당황한 나를 동시에 얼러주시는 것도 감사했다. 기저귀 하나 가는데도 벌벌 떠는 내게 이모님은 구세주 같았다.

허나, 나는 잊고 있었다. 누군가에게 도움을 청한다는 것은 얼마나 어렵고 어색한 일이던가.

엄마가 되면 마법처럼 씩씩해질 줄 알았다. 여느 사람들처럼 마땅히 손을 내밀어도 되는 도움이라면 당당히 요청할 수 있을 것 같았다. 엄마가 되는 수고와 맞바꿨는데, 이 정도 능력쯤은 생겼겠지. 그러나 아기를 안고 돌아온 나는 여전했다. 오히려 아기가 생기니 절대 약자가 된 묘한 기분이 들었다. 작은 부탁 하나 하기가 전보다 훨씬 더 어렵게 느껴졌다.

그날 밤, 이모님은 아기 침대 옆에 요를 펼치고 눕는 나를 말리셨다. 밤중 수유는 당신이 알아서 할 테니 그냥 안방에서 편히 자라신다. 수시로 젖병을 닦아 말리는 나에게 '왜 내가 할 일을 그렇게 다 하냐'며 의아해하셨고 웬 산모가 저렇게 부지런하냐며 혀를 차셨다. '내가 못 미더워서 저러나.' 하셨을지도 모르겠다.

설마요. 이모님의 실력에는 의심의 여지가 없었다. 낭비 없는 살림 솜씨와 아기를 어루만지시는 능숙한 손길에 감탄했다.

육아와 살림은 한 카테고리에 묶일 수 없지 않을까요.

설은 경험이지만 몇 년 해보니 둘은 그냥 다른 영역입니다.

둘 다 고된 일이고 또 소중한 일이며

각각의 시간과 정성을 필요로 합니다.

아이와 함께일 때는 무엇 하나 쉬운 것이 없지요.

육아와 살림을 뭉뚱그려 한 가지로 취급하는 것.

참 불합리한 일입니다.

다만, "이것 좀 해주세요"라는 말이 나오지를 않았다. 상대방을 지나치게 신경을 쓰는 탓이다. 상대에게 무언가 부탁하거나 거절하기 전에 그의 심정과 반응을 따지느라 머뭇거리다 보면 '내가 하지 뭐.' 하는 마음이 쑥 올라왔다.

어쩌면 영영 변하지 않겠구나. 그 어느 때보다 도움받아 마땅한 상황에서도 가벼운 요청 하나 못 하는 걸 보며 생각했다. 착하다는 말에 길들여진 내 주장은 투명하게 사라졌다. 답답함에 가슴이 울렁여도 그게 '배려'라 짐작할 뿐이었다. 아기 돌보랴, 설거지하랴, 수시로 대화를 원하시는 이모님 보조 맞춰드리랴, 초보 엄마는 하릴없이 바빴다.

회사에선 웬만한 일은 혼자 감당했다. 끙끙 앓아가면서 하면 안 되는 일은 없었다. 하지만 육아는 달랐다. 내 힘으로 혼자 할 수 없는 일들이 징검다리처럼 촘촘히 이어져 있었고 그걸 하나씩 뛰어넘어야만 저쪽에 닿을 수 있었다.

아이 하나 키우는 데 온 마을이 필요하다는 말은 참이었다. 그걸 알면서도 마을은커녕 가까운 사람에게 부탁하는 것조차 쉽지 않았다. 한동안 혼자서 아기 목욕을 시키지 못했으니 이모님의 도움이 필요했고, 젖몸살이 들면 마사지해주시는 분을 찾아야 했다. 아기는 너무 어려 나갈 수 없으니 쉬려면 누군가에게 아기를 맡기고 집 밖으로 나가야만 했다. 지금 잘하고 있는 건지, 뭘 해야 하는 건지 감히 가늠할 수 없어 남의 입을 빌려야만 했다. 질문하고, 확인받고. 온라인이든 오프라인이든 지푸라기라도 잡는 심정으로 절박하게 매달렸다.

탑 꼭대기에 사는 어떤 개인적인 사람이, 아이가 생기자 백기를 흔들며 세상으로 나오는 모습이 떠올랐다. 타인의 도움 없는 육아는 그토록 서럽고 아플 테니.

내향적인 내겐 '산모 되기' 역시 도전이었다. 겨우 한 달 동안 도대체 몇 명의 새로운 사람을 만났던가. 평소 내가 만나던 사람 수를 감안하면 명백한 과잉이었다. 주중, 주말 할 것 없이 가족들, 친구들이 찾아왔다. 휴대폰은 수시로 울려댔다. 비슷한 시기에 출산한 친구들이었다. 우리는 하루 일과를 공유했다.

당연히 고맙고 기뻤다. 동시에 너무 바빴다. 출산 이후로 쭉 방전의 행진이었지만 태연히 쾌활한 척했다. 다들 그럴 테니까. 곧 활기를 띤 채 어디로든 뛰쳐나갈 테니까.

답답하다며 출산 한 달 만에 복직하고 취미 생활을 시작하는 지인들이 생겨났다. SNS 엄마들의 풍경은 아기만 더해졌을 뿐, 전과 다를 바 없었다. 여행도 다니고 상업 활동도 한다. 그들과 조금이라도 엇박이 나면 세상의 틈에 영영 끼어들지 못할 것만 같았다. 아기를 낳고 조용히 집에 있는 사람은 보이지 않았다.

그러면 산후 우울증에 걸린다는 게 오천만의 상식이었다. 혼자 있고 싶다고 하면 주변에선 큰일 난 것처럼 나를 밖으로 끌어내며 그게 마치 우울증의 전조인 양 경계했다.

사실은 그 반대였는데. 너무 소란하고 바빠서, 나는 답답하고 우울했다. 내 안을 깊숙이 들여다보지 못했고, 고여서 찰랑대는 감정을 비워내지 못해 괴로웠다.

아기 울음소리가 뾰족한 바늘이 되어 고인 감정을 찌르면 툭툭, 눈물이 되어 떨어졌다.

출산 후 두어 달이 지나서야 이모님과 손님들이 빠져나가고 집 안이 조용해졌다. 드디어 갖는 나만의 시간. 홀가분함이 든다. 그런데, 돌아본 거기에 누군가 있었다. 아이였다.

어디서 왔을까.
에너지 넘치는 이 아이

참으로 겁 없이 엄마가 되었다.

수백 명과 부대끼느니 아이 한 명과 함께하는 삶이 나으리라 생각했다. 무지한 자의 여유였다. 육아는 힘들었다. 나도, 아기도 작은 자극에도 민감했기에 1년간 통잠을 자지 못했다. 에너지 넘치는 아이를 쫓아다니느라 종일 기진맥진했다. 화장실 가고, 밥 먹는 본능적인 일조차 내 뜻대로 되지 않아 좌절했다.

육체적인 피곤과 통제는 그런대로 참을 만했다. 육아가 얼마나 힘들고 기가 막힌 일인지 귀동냥과 곁눈질을 통해 알고 있었기 때문이다. 마음의 준비가 조금은 되어 있었다고 해야 할까. 물론 실제로 경험해보니 그보다 훨씬 더 엄청났지만, 남들도 숱하게 겪는 일이었다.

커피와 홍삼과 수액으로 근근이 버텼다. 다들 그렇잖아. 이 모든 게 언젠가는 끝날 일들이었다. 모유 수유는 1년, 안아 재우기는 2년, 기저귀는 2년 반.

의외의 복병은 '내적 어려움'이었다. 완전한 무방비 상태로 허를 찔렸다. 몰랐기에 용감했고, 그래서 겁이 없었다. 아기라는 유순하고 사랑스러운 존재가 내게 혼란을 선사할 것이라고는 생각하지 못했다.

아이는 천진한 얼굴로 다가와 잔잔했던 심연을 휘저었다. 그간 힘들게 가라앉히고 모른 척 외면했던 것들이 수면 위로 떠오른다. 잘못, 아픔, 후회, 반성 같은 것들.

혼자 어딘가 들어가 있고 싶은 그 순간에도 웃으며 뽀로로 노래를 불러야 했다. 떠오른 것들에 허겁지겁 추를 달아 가라앉히면 아이가 다시 끄집어내었다. 마치 그러기 위해 세상에 나온 사람처럼.

사람은 저마다의 기질을 타고난다. 기질은 유전자에 오랫동안 기억되고 각인된 것이기에 매우 복잡하고 섬세하며, 완강하다. 모든 것이 동일한 조건에서 키운 식물도, 같은 부모에게서 나 같은 환경에서 자란 쌍둥이도 다 다르게 자란다. 고유성 때문이다.

아이는 어린 시절부터 활동적이며 민감하고 호불호가 선명하다.

배 속에서부터 그랬다. 임신 6개월 즈음 머리를 아래로 두고 자리를 잡았던 아이가, 다음 달에는 다시 몸을 뒤집었다. 생각지도 못한 제왕 절개를 했다. 역아는 흔한 제왕 절개 사유이지만 내 경우는 좀 황당했다. 태아가 상하반전을 하다니. 그 좁은 공간에서 얼마나 많이 움직였기에 이런 일이 가능한 걸까?

아기는 잠이 없었다. 그 유명한 백일의 기적도, 6개월의 기적도 가볍게 비껴갔다. 1년 내내 밤중 수유가 계속됐고, 옆에 누운 내가 손가락 하나만 까딱해도 아이는 깨버렸다. 많이 안아주고 진심을 다해 달래줘야 했다. 바운서, 점퍼루, 스윙…… 그 어떤 아이템도 소용이 없었다.

아이의 활동량은 정말, 정말, 정말 놀라웠다. 체력만으로도 국가 대표 운동선수가 될 수 있을 것 같았다. 쉼 없이 파닥대다 구십 일에 뒤집고, 돌 전에 뛰었다.

네댓 살 되도록 조용히 책을 보거나 혼자 노는 법이 없었다. 아는 것도, 궁금한 것도 많아서 참새처럼 종알댔다. 몇 날이고 묵언 수행을 할 수 있는 나로서는 당황스러웠다. 이 아이는 도대체 누굴 닮은 걸까.

기진맥진한 나에게 친정엄마는 곧잘 "애들은 다 그래"라는 위안을 건네셨지만, 그럴 리가. 잘 자고, 잘 먹고, 혼자서도 조용히 잘 노는 아이들은 어디에나 많았다. 지금도 유모차에 가만히 앉아 있는 아이들을 보면 그렇게 신기할 수가 없다.

아이는 호기심도, 고집도 대단했다. 길에서 본 버려진 가전제품은 어떻게 해서라도 가져와야 했다. 경비 아저씨, 동네 어르신들이 합세해도 말릴 수가 없었다.

힘도 얼마나 센지. 옷을 갈아입히거나 기저귀를 갈고, 씻기면 나는 그대로 탈진했다. 먹이는 일도 쉽지 않았다. 20개월 정도까지 먹이는 게 엄청난 스트레스였다. 한 숟가락 더 먹이려고 우리 부부는 아이 앞에서 온갖 퍼포먼스를 벌이곤 했다.

아이 교육이나 훈육은커녕 남들보다 많은 에너지가 기초적인 '돌봄'에 고스란히 들어갔다. 젊은 엄마가 왜 이리 골골대냐며, 다른 엄마들처럼 운동도 하고 취미 생활도 하라는 동네 할머니들 말씀에 쓴웃음이 났다. 저도 그러고 싶어요.

공동 육아를 하던 시절, 놀이공원에 나들이를 간 날이었다. 오후가 되자 다른 아이들은 모두 유모차에서 잠이 들었는데 우리 아이는 여전히 기운이 넘쳤다.

다른 엄마들은 카페에 앉아 숨을 돌렸지만 나는 헉헉대며 아이 뒤를 쫓아다녔다. 제발 유모차에 타달라고 애원하며. 그때 나를 바라보던 엄마들의 눈빛을 기억한다.

눈물이 났다. 또래 아이를 키우는 친구가 아이 옆에서 빨래를 개는 사진을 볼 때도 그런 심정이었다. 저녁 여덟 시면 여기저기서 아이가 잠들었다는 카톡이 날아왔다. 나는 아직 대낮인데.

언젠가 '까다로운 아이'에 관한 이야기를 본 적이 있다. '까다로운 아이의 특징'은 뻔했다. 많은 에너지와 활동량, 낯선 환경 기

한 명 잠들었다고 이렇게 조용해지기냐, 세상아?

피, 표현의 격렬함, 예민함…… 새로울 것은 없었다. 내가 고개를 끄덕였던 건 '녹초가 된 엄마'라는 파트에서였다.

에너지가 소진되어 녹초가 된 상태는 엄마들이 맞닥뜨리는 가장 큰 장애물이라는 것이다. 이 상태에 도달한 엄마는 주변 환경에 완전히 압도당한 것처럼 느끼고 시간과 에너지가 거의, 혹은 전혀 남아 있지 않다고 느끼게 된다고.

어린 시절 들었던 따가운 말들도 떠올랐다.

"넌 왜 이렇게 까다롭니?"
"그렇게 예민하면 못 써."
"별일도 아닌데 왜 그러니?"

아이가 나를 닮아서 그런 건가, 혹은 내가 뭘 잘못하고 있어서 그런 걸까. 불안함과 죄책감이 몰려왔다. 그래, 몸이 힘든 건 아무래도 괜찮다. 하지만 마음의 불편은 견디기 힘들었다.

나는 텅 비고 싶었다. 순한 아이를 바랐던 건 그 때문이었다.

내 향 적 인 엄 마 를 위 한 육 아 법 은 없 다

아이가 다섯 살 되던 해, 블로그를 통해 한 엄마를 만났다. '책육아'를 하며 아이가 과학 영재라 소개하던 그녀는 쉬지 않고 아이와 무언가를 했다. 빼곡한 커리큘럼을 짜고 실험실을 갖추어 실험을 하고, 책을 읽어주고 현장 학습을 나갔다. 다양한 교구를 들여 영업 사원처럼 완벽하게 놀아줬다.

그것만으로도 벅찰 텐데, 공부방을 차리고 엄마들을 상대로 방송과 강의도 했으니 그녀의 기민함과 넘치는 에너지에 나는 입이 떡 벌어졌다.

이 엄마를 한번 만나보고 싶었다. 관심사가 비슷한 두 아이가 좋은 친구가 될 것도 같았다. 두 시간 동안 이 엄마의 '비법'을 전수받기 위한 금액까지 입금하고 나는 그녀를 만났다.

그 엄마는 책을 권했다. 정확히는 특정 출판사의 전집이었다.

자기에게서 팔백만 원 상당의 전집을 구매하여 읽히고, 소개해주는 선생님의 수업을 들으면 누구든 똘똘해질 거라 했다. 그 전집의 비호를 받고 자란 본인 아들을 쉼 없이 칭찬하며. 쭈뼛대며 추천은 감사하지만, 우리 집에는 이미 물려받은 책이 많다고 정중히 거절했다. 그녀는 굴하지 않고 자신과 아이가 활동한 흔적들을 보여주며 이게 다 그 회사 전집 덕분이라 말했다.

인터넷 검색만 해도 줄줄이 나오는 정보를 위해 돈과 시간을 들인 건 아니었다. 내가 정말 궁금했던 건 '어떻게 그 많은 책을 읽어주고 활동을 하느냐'였다. 그만의 마음가짐이라든가, 비법이 있을 것 같아서.

그녀는 호기롭게 자신이 판매하는 건강식품을 사 먹으라 했다. 더 할 말이 없어 비척비척 인사를 하고 나왔다.

그 후로 몇 달을 앓았다. 무얼 하든 그 엄마의 목소리가 떠올랐다.

"팔백만 원이 아까워요? 왜 그것도 못 해요? 아이는 엄마 하는 만큼 커요!"

주눅이 들어 그대로 가라앉아버렸다. 팔백만 원의 문제는 아니었다. 얌전하고 조용한 그 집 아이와 활기차고 자유분방한 내 아이가 나란히 떠올랐다. 아이가 다른 걸 어떡해. 아는데도 속이 상했다.

나는 아이를 닦달하여 끌고 갈 만큼 강하지 못하다. 매일 계획표를 짤 만큼의 주도면밀함도, 그걸 빠짐없이 실천할 에너지도 부족하다. 아이에게 내 수를 금방 읽힐 것이 뻔하다.

그렇다고 마음을 비우고 다 내려놓을 수도 없다. 홈스쿨링을 하며 아이와 보낸 하루가 만족스럽지 못하면 침울해졌다. '나 때문에 아이의 귀한 하루가 그냥 갔어. 아이의 하루는 어른의 1년이라던데. 종일 같이 있었는데 난 뭘 한 거지? 다 내 탓이야. 다른 애들은 유치원도, 학원도 다니고 엄마표까지 해.' 그 아이들이 학원에 가 있는 동안 우리 아이는 설거지하는 엄마의 등을 보고 있다. 애꿎은 선풍기나 만지고 찬장을 뒤지고 있다. 속이 아렸다.

도무지 느긋할 수도 없고, 체력도 마음도 약하며 자책이 심한 엄마는 밤마다 울 수밖에 없었다.

때때로 아이 몰래 궁금했다. 그렇게 열정적이고 에너지 넘치는 엄마를 만났더라면, 내 아이가 지금보다 더 나았을까? 아이가 별난 구석이 있기에 욕심이 났던 것도 사실이다. 그 후로도 책육아 강의들을 찾아 듣고 수백 권의 육아서를 읽었으니.

그러나 그 속에 나는 없었다.

육아서 속 엄마들은 모두 에너지 넘치고 빠릿빠릿해 보였다. 그네들은 아니라고 말하지만, 느낄 수 있었다. 소문난 육아계 인플루언서들 역시 대개 활동가 타입이라는 것을.

그제야 생각이 났다. 모든 아이가 다르듯 모든 엄마도 다르구나. 모두가 타고난 영역과 살아온 세월, 체력과 환경 등이 다르니 당연한 일이다. 아이의 다름은 인정받지만, 엄마의 다름은 쉽게 간과된다. 아이의 기질은 세심하게 분류되지만, 엄마의 기질은 누구도 들여다보지 않는다.

어느 학자는 내향성과 외향성을 '기질의 남과 북'이라 칭했다. 이 스펙트럼의 어느 지점에 위치하느냐에 따라 개인의 성격, 선택과 행동, 삶의 양식이 완전히 달라진다. 하지만 엄마들은 줄곧 '엄마'로만 뭉뚱그려졌다.

대부분의 슈퍼맘과 나는 기질부터 달랐다. 내향적이고 정적인 나는, 열정을 앞세워 자신을 충동하면 탈이 났다. 마음 쓰는 일에 많은 에너지를 뺏겼다.

그런 줄도 모르고 잡히는 대로 육아서를 읽고 아득바득 따라 하려고만 했다.

무작정 나를 소진시켰고 방전되면 초조해졌다. 급기야는 남편이 '육아서 그만 보라'는 주문을 해왔다. 일리 있는 처방이었다. 책을 덮었다.

하지만 그동안 봤던 블로그와 육아서 속의 숱한 학습, 놀이, 훈육법이 숙제처럼 발등 위에 떨어져 있었다. 모른 척 깔고 뭉개려니 영 찝찝했다. 침대 위 과자 부스러기처럼 껄끄럽게 느껴졌다.

에너지와 열정이 넘치는 스타일도 아니요,

보노보노처럼 느긋하고 무던하지도 못한 사람은

도대체 어떤 엄마가 되어야 한단 말인가.

숙제를 안 하고는 잠들지 못하던 학창 시절의 내가 떠올랐다. 아픈 날, 약 기운에 잠들었다가도 새벽에 깨어나 울면서 숙제를 하던 그 아이가 자라 엄마가 되었다.

육아서 맘들처럼 에너지와 열정이 넘치는 스타일도 아니요, 보노보노처럼 느긋하고 무던하지도 못한 사람은 도대체 어떤 엄마가 되어야 한단 말인가.

우습지만 그런 생각도 들었다. 나폴레옹과 윤동주의 육아가 같을 수 있을까. 마돈나와 버지니아 울프의 육아는?

혼자서 조용히 에너지를 만드는 내향인에게 육아는 피곤하다. 아이와의 생활은 상상 이상으로 소란하다. 잠깐이라도 내 세계에 침잠하려 하면 아이가 나를 불렀다.

아이 감정과 내 감정 사이에서 종일 널을 뛰었다. 그렇지 않아도 예민한 감각과 감수성이, 어미의 동물적 본능을 만나 요동을 친다.

밑 빠진 독처럼 에너지는 쉽게 바닥났다. 연년생 아이가 셋인 친구도 나처럼 힘들어하지는 않던데, 이상했다.

육아서와 인터넷의 조언을 착실히 따랐다. 소위 '육아 힐링'이라 일컬어지는 쇼핑도, 여행도 다녀봤지만, 상황은 더 나빠졌다. 랜선 '육아 동지'들도 만나봤다.

공동 육아에도 참여했다. 그들과 격한 공감을 나누며 잠시 활력을 얻기도 했지만 만남의 횟수와 동지의 수가 늘어날수록 기운이 빠졌다. 내 육아만 왜 이렇게 힘든지 알 수가 없었다.

육아하는 내향인은 그렇다. 방전은 빠른데 충전이 힘들다. 남들처럼, 남들만큼 쉬어서는 어림도 없다.

내 자식이지만 아이도 타인이라는 것은 뒤늦게 깨달았다.

아이를 돌봄은 '아이'라는 타인과 상호적 관계를 맺는 일. 그런 육아의 특성상 '스위치 끄고 홀로 충전하기'란 하늘의 별 따기보다 힘든 일이다.

아이와의 하루는 혼돈이다. 소란한 데다, 변수와 돌발이 존재하니 그야말로 '자극 폭격'과도 같다.

아이와 나의 성향 차이, 그리고 나 자신의 성향에 대해 고찰하기 시작한 뒤 많은 책을 읽었다. 내향인의 뇌가 외향인의 뇌보다 더 크게 각성한다는 부분에 시선이 멈췄다. 같은 자극을 경험할 때 더 빨리 반응하고, 더 쉽게 지치는 유형이 분명히 있다는 것이다.

아이센크의 레몬즙 실험이 그 예다. 그는 레몬즙을 혀에 떨어뜨렸을 때 자극에 더 민감하고 반응이 클수록 그렇지 않을 쪽보다 침이 많이 나올 거라 예상했다.

예상대로, 혀에 레몬즙을 떨어뜨렸을 때 자극에 민감한 내향인이 상대적으로 둔감한 외향인보다 50퍼센트나 더 많은 침을 분비했다고 한다. 개인의 민감도와 각성 기준치에는 큰 차이가 있는 것이다. '육아의 고단함'을 감싸고 있던 안개가 조금 걷히는 것도 같았다.

하물며, 우리가 하고 있는 건 육아다. 육아의 혼란과 자극은 레몬즙 한 방울에 비할 게 아니다. 육아서의 한 줄, 옆집 엄마의 한마디, 아이의 재채기…… 작은 것 하나에도 신경세포가 일제 봉기를 일으키지 않던가.

나는 상대의 미묘한 변화도 쉽게 캐치하는 편이다. 아이가 말을 못 하던 시절에도 그리 답답하지 않았던 건 그 덕이다. '촉'이 민감한 사람은 타인의 마음을 잘 읽는다. 그만큼 공감과 몰입도 쉽다.

일례로 아이는 엉덩이 발진이 난 적이 한 번도 없다. 아이가 기저귀 갈아달란 신호를 보내기 전에 미리 '얼마나 답답할까' 싶어 수시로 기저귀를 갈아줬기 때문이다. 그것도 모자라 밤샘 검색에 돌입한다. '아기 엉덩이 발진 연고' 키워드를 넣고 발품 아니, 손품 팔아 맘 카페들을 돌아봤다. 괜찮아 보이는 제품 몇 가지를 구비하고 나서야 마음을 놓았다.

그런데 왜였을까. 늘 보송한 아기 엉덩이와 반대로 갈수록 눅진해지는 내 속은. 울리기 싫어서, 마음이 아파서, 끊임없이 신경쓰고 고민하는 삶은 여간 피곤한 것이 아니었다.

돌이켜보면 육아서에 나오는 '아기가 울음을 그치기 전에 안아 주는 엄마'가 바로 나였다. 그 정도 민감함과 세심함이면 충분했는데 그 이상을, 더 많이, 더 잘하려고 버둥댔다. 내게 필요한 것은 '더'가 아닌 '덜'이었음을 그때는 까맣게 몰랐다.

육 아 하 다   쓰 러 진   이 야 기

쨍한 여름이면 그날이 떠오른다. 육아하다 쓰러진 날. 아이가 네 살 때, 바야흐로 각종 육아서를 섭렵하며 그 열정이 여름 태양보다 뜨겁던 시기이다. 나가 놀기 좋아하는 아이와 매일 놀이터에 가고 동네방네 버려진 가전제품을 찾아 헤맸다. 어둑해져서 집에 돌아오면 졸려 하는 아이를 간신히 씻기고 먹이고, 그러다 또 쌩쌩해진 아이에게 책을 읽어줬다.

덥고 습한 공기에 숨이 턱턱 막혔다. 신경이 과하게 각성된 탓에 제대로 먹지도, 자지도 못했다. 입안은 몇 달째 헐어 있고 자주 어지러웠다.

그게 신호였는지 그 주말, 기차를 타러 가는데 갑자기 눈앞이 흐려지고 다리 힘이 풀리며 까무룩 쓰러져버렸다. 무려, 서울역 한복판에서.

아이 목소리에 정신이 들었다. 남편도 있고 주위에 도와주실 분들이 계셨기에 다행이지, 아이와 둘이 있을 때 이런 일이 생겼다면 아이가 얼마나 놀라고 무서웠을까. 그 와중에도 그런 생각을 했다. 의무실 담당자는 내 안색을 살피며 "다이어트 했느냐"고 물었다. '아니요. 그랬으면 억울하지나 않게요.' 원인은 뻔했다.

과로와 일사병. 말 그대로 번 아웃.

이 기세로 공부를 했다면 하버드에 갔겠지만 육아하다 쓰러진 건 훈장도 못 된다. 외려 민망했다. 요즘 세상에 아이 키우다 쓰러지는 바보가 있다니! 실화인가.

멍하니 앉아 있는데 "엄마, 많이 아팠어?" 아이가 걱정스레 물어왔다. "내가 커피 해줄게. 커피 마시면 힘이 날 거예요."

네 살 꼬맹이의 어른스런 위로. 이런 녀석에게 가만히 좀 있으라고, 조용히 좀 하라고 쳤던 핀잔이 무색해진다.

어딘지 슬픈 눈으로 달려 온 친정엄마는 내 숟가락에 반찬을 올려주며 그러신다.

"그러게 잘 좀 챙겨 먹지. 네 몸은 네가 챙기는 거야. 좋은 거 있으면 너 먼저 먹고 그 다음에 애기 주는 거야. 엄마가 강해야 하는 거야."

그렇지. 강해야지. 제풀에 꺾여 병이 나버리는 엄마가 되진 말아야지. 부랴부랴 지은 보약과 보조제도 효과가 없었다. 30분 운동하면 삼 일을 앓아누웠다.

그도 그럴 것이 그때의 육아는 에너지 레벨이 높고 까다로운 아이와 체력 약하고 소심한 엄마의 설익은 조합이었으니.

열심인 것까지는 좋았다. 그러나 나는 반쪽짜리 엄마였다. 아이만 바라보다가 나를 잊었으니. 아이와의 관계에서 나를 지우고 육아서와 주변의 육아 열기에 각성되어, 불나방처럼 몸을 던졌다.

육아 외엔 눈 둘 곳도 마음 둘 곳도 없었다. 내 마음을 끌어당기던 그 많은 것들은 모두 어디로 사라져버린 걸까. 의무와 책임만 있는 삶은 사람을 약하게 만드는 것이었다.

나는 평소엔 미력하지만, 가치 있다고 생각되는 일이 생기면 와락 힘이 솟는다. 그것을 노동이라 여기지 않고 쏙 빠져들어 즐거워한다. '헌신'과 '몰입'으로 표현되는 이런 성향을 덕질로 승화시키곤 했다.

일례로 영화 하나에 꽂히면 수십 번을 돌려 본다. 그러다 보면 어느새 대사를 외우고, 비하인드 스토리는 물론 감독의 사돈의 팔촌까지 꿰고 있는 자신을 발견한다. 전생에 드릴이었는지, 파고드는 건 본능처럼 쉬운 일인데 육아는 그렇지가 않았다. 파고들수록 어려웠다. 덕질하듯 전집 검색하고, 엄마표 놀이를 하고,

유아식 레시피를 모으며 좋은 엄마 흉내를 냈는데 흥이 안 났다.

나는 덕질 자체가 아닌, '덕질을 통한 자기 탐구'를 즐겼던 것이다. 좋아하는 무언가를 통해 내 마음과 만나는 게 그리 기뻤던 것이다. 그때 알았다. 육아를 통해서도 나를 들여다볼 수 있다면 얼마나 좋을까.

이왕 이렇게 된 거 좀 느긋해볼까 마음을 먹었다. '스키너 상자'의 실험쥐도 레버를 다섯 번 눌러 먹이를 얻으면, 다음 텀은 쉰다는데, 지금의 나는 비유하자면 임신-출산-육아라는 레버를 십만 번쯤 누른 셈이지 않은가.

그런데 신경을 안 쓰려 할수록 감도가 높아지는 건 대체 무슨 조화인지.

육아서들에 대한 저항처럼 무심하려 노력했지만, 내가 조금이라도 딴청을 피우면 아이는 뾰족해져서 더 많은 관심과 반응을 요구했다.

엄마가 느긋하면 아이도 느긋해진다는 이야기는 다른 나라 이야기인가 보다.

그런 축복은 대범한 엄마와 순한 아이 조합에서나 가능한 일. 고로 우리와는 먼 일이었다. 초조함에 손톱을 물었다. 저항은 곧 소리 없이 철회됐다.

문제는 그거였다. 아무것도 안 하면 불안하고, 무언가 했다 하면 자신을 밀어붙이다 나가떨어지는 악순환의 반복. 번 아웃은 필연적인 결과였다.

소외감과 이질감은 또 다른 스트레스였다. 어디서든 나와 비슷한 사람은 찾기 힘들고, 주변인들은 내가 왜 힘든지 이해하지 못했다.

좀 무뎌져보라는 남편에게 묻고 싶었다. 그러니까, 도대체 어떻게? 나도 모르게 풀썩이는 머릿속을 난들 어찌할까. 그가 가진 재능, 그러니까 아기 울음소리에도 잠들 수 있는 그 무던함이 내게는 없었다.

남편 말을 찬찬히 곱씹어봤다. 그건 고민을 하지 말라는 게 아니라, 걱정을 줄이라는 말이었다. 그는 현실주의자다. 알 수 없는 미래 때문에 애닳지 말고 이 순간 아이와 함께 웃자고 했다. 지금, 여기서.

책꽂이에 꽂힌 육아서와 자기 계발서를 솎아내었다. 그 속에서 어찌할 바 모르던 나를 떠나보내듯 그리하였다.

뽑아낸 책들을 상자에 차곡차곡 담았다. 상자 몇 개가 내 손을 떠나던 날, 납덩이처럼 나를 내리누르던 압박도 함께 사라졌다. 닫혀 있던 문들이 열리고 세상이 갑자기 넓어진 기분이었다. 막막해도 아쉽지는 않았다.

쓰러졌던 건 명백한 브레이크였다. 빈집이 황폐해지듯 몸도, 마음도 주인인 내가 돌보지 않으면 무너지고 마는 것이다. 젊다고, 아픈 곳 없다고 안일해선 안 된다. 혹 몸이 아니라 마음이 쓰러지고 있는 건 아닌지 수시로 귀를 기울일 필요도 있다.

새삼 아이 키우는 시간이 빠르다 느낀다. 몇 해 전 여름날의 소동을 이제는 이렇게 담담히 얘기할 수 있으니 말이다.

오늘, 당신에게도 크고 작은 소동은 생겨날 것이다. 잘 견뎌낼 줄을 믿는다. 그래서 그 소동이 훗날 웃으며 돌아볼 수 있는 다정한 추억이 되기를, 진심으로 응원한다.

마음이 쓰러지고 있는 건 아닌지 수시로 귀를 기울일 필요도 있다.

육아의 닻을 내리다

아이가 두 살 때, 문화센터에서 만난 동네 엄마들이 있었다. 천천히 유모차를 끌고 다니며 꽤 가까워졌던 것 같다. 구청에서 지원하는 공동 육아를 함께하기도 했으니.

그들에겐 활기와 여유가 있었다. 자주 만나길 원했고 새로운 곳에 가고 싶어 했다. 주말이면 더욱 시름시름 앓는 나와 달리 부지런히 여행도 다녔다. 엄마들은 쾌활했고 아이들은 순했다. 아이들이 15개월쯤 될 무렵, 그 아이들이 어린이집에 다니게 되었다. 그들은 자리가 있으니 아이도 보내는 게 어떤지 물었다. 곧 보내겠다고 했지만 그러지 못했다. 아이와 떨어지는 거사를 감당할 자신이 없었기 때문이다. 몇 주 후 그들은 내게 같이 수업을 듣자고 했다. 고마운 제안이었지만 역시 함께하지 못했다. 수업이 시작되는 저녁 시간이면 머릿속이 몽롱한데, 거기에 뭘 더 욱

여넣는단 말인가.

몇 달이 지났다. 아이들은 어린이집에 완벽히 적응했고 엄마들은 새로운 활기에 젖어 있었다. 그들은 환히 웃으며 '집에 있기 답답해서 유아 전집 판매를 시작했다'고 했다.

사람들 만나는 것도 즐겁고 책도 잘 팔려서 보람이 크다며 함께하지 않겠냐고 물었다. 대답 대신, 이번에도 나는 쓸쓸히 웃어 보였다. 그들은 그런 나를 동정하며 빨리 세상으로 나오라 재촉했다.

아이가 길에서 떼를 부리면 엄마들은 혀를 찼다. '네가 너무 착해서' 아이에게 휘둘린다며 성화다. 나도 그들처럼 아이를 단호히 통제하고, 세련되게 훈육하고 싶었다. 왜 아니겠는가.

엄마들은 어쩌면 저렇게 강하고, 당차고, 하고 싶은 것도 많은 걸까. 아이를 키움과 동시에 능력과 에너지를 밖으로 분출하는 게 숨 쉬듯 자연스러워 보였다.

다들 육아의 지루함과 외로움에 대비하라고 경고했다. 아이와 여러 사람을 만나고 외출을 하라고. 쇼핑과 여행을 다니며 즐기라고. 그렇게 밖으로 등을 떠밀며 용기를 한 사발씩 부어줬다. 그렇지 않으면 무기력증이나 육아 우울증에 빠질 거란 조언도 잊지 않았다.

아무도 나에게 혼자서 침잠하라고 말해주지 않았다. 그런 건 안쓰러운 일이라고 했다. 곧, 육아라는 무거운 덫에 걸려 그대로 침몰할 거라고, 그 무게를 덜어내고 어떻게든 밖으로 나와야 한다고 손짓했다.

하지만 나는 육아를 덫이 아닌 닻이라 여겼다. 이왕 닻 내릴 곳이 생겼으니 튼튼히 닻을 내리고 침몰 아닌 침잠을 하고 싶었다. 이 시기가 끝나면 닻을 올리고 홀가분히 나아갈 수 있도록 나침반을 조율하고 연료를 채워 넣고 싶어졌다.

괜히 불만이 치밀 때, 남편에게 자주 꺼내 들었던 카드는 '나는 나가지도 못하잖아!'였다.

사실은 그게 아니었다. 부아가 치밀고 힘든 이유를 몰라서 화가 났다.

정체된 공간과 자극 없는 일상은 내게 장애물이 아니었다. 약속이 생겨도 "아이 때문에", 뭔가를 하려다가도 "아이 때문에"라며 아이를 핑계 삼아본 적도 있다.

문제는, 끊임없이 감지되고 감응해야 하는 너무 많은 '외부'였다. 나는 이제 안다. 그들과 내가 달랐음을, 나에겐 주류의 그것이 정답이 아니었음을.

모 자 라 지 도 , 넘 치 지 도 않 는

　세상의 중심이 바뀌던 날이 있었다. 사람 하나가 태어났을 뿐
인데 세상이 달라졌다. 이전의 일상은 일탈이 되어버렸고 드러나
는 민낯과 동여매지 않은 감정은 버거웠다. 흔들리는 나를 붙잡
아준 건, 그토록 외면했건만 끝내 나를 따라온 나의 내향성이었
다. 내향성은 이제껏 들어본 적 없는 확고한 목소리로 나를 이끌
었다. 허둥지둥 이끌려가며, 내향인의 육아는 결국 자신을 향한
여정이 되어야 한다는 것을 알게 되었다. 이기적인 처사는 아니
다. 그로부터 육아를 위한 에너지와 영감도 얻을 수 있기 때문이
다. 사랑하니까, 그 사랑을 더 많이 나눠주기 위함이다.
　'함께'의 즐거움을 모르는 것은 아니다. 다만 '활기를 얻기 위
해 혼자이고픈' 욕구가 큰 것일 뿐이다. 아이에게 온 신경을 집중
한 날, 긴 외출을 한 날이면 에너지를 잃었다는 막막함과 억울함

마저 들곤 했다.

아이의 모든 것에 반응해주고 싶지만 그럴 수 없어 미안하다. 혼자만의 시간을 원해서 미안하고, 낮은 에너지 레벨이 미안하다. 그러나 잊지 않는다. 이건 그저 자연스럽고 생리적인 현상이다. 잠시 놓여난 후엔 더 다정하고 따스한 내가 되지 않던가.

나는 이제 기쁘게 혼자가 된다. 72개월을 꽉 채워 유치원에 보냈으니 오랜 기간, 비싼 값을 치러 혼자 됨의 소중함을 배운 셈이다. 오전이면 잠시 아이를 잊고 할 일을 접어둔 채 차를 내리고 책을 펼친다. 이 또한 좋은 사람, 좋은 엄마가 되기 위한 내 몫의 도리다.

그간 내 육아만 별나게 느껴졌던 이유는 육아에서 의외로 중요한, 기질과 성향을 간과했기 때문이었다. 외부만을 바라봤고, 성향은 능력쯤으로 착각했다.

선천적 경향을 거슬러 살다 보면 심리적 탈진감이 오고야 만다. 마치 오른손잡이가 왼손을 쓸 때 어색하고 에너지 소모가 많은 것처럼.

나의 성향과 아이의 성향이 또 다름을 인정하고, 다른 시각으로 보려고 하자 그간 과하게 욕심을 내고 불필요한 에너지를 썼다는 생각이 들었다.

미니멀리즘과 자연스러움, 내가 추구해야 할 가장 올바른 노력이었다. 중요한 몇 가지에 집중하면 에너지를 모을 수 있고 걱정도 줄일 수 있으리라.

의식적으로 스스로 묻고 답하는 동안 삶은 간소해졌다. 손에 쥔 것들을 차 떼고 포 떼는 심정으로 하나씩 줄여나갔다. 단순하고 명확한 루틴을 만들었다.

내 그릇을 알고 조절해야 하며 나와 아이의 성향을 건강하게 끌어내야 했다.

육아서와 스마트폰을 내려놓았다. 지금 하고 싶은 일보다 '지금 아니면 할 수 없는 일'에 집중할 것, 그러자 답은 명료해졌다.

성심껏 육아하되, 희생의 아이콘이 되지는 말자 다짐했다. 나의 육아에는 '내'가 좀 더 필요했다. 아이에 비해 내가 주도성이 약하고 이타성이 강하니, 그래야만 겨우 반반이 되고 타산이 맞았다. 내 개성과 기질을 덮어둔 채 육아에 덤볐다가 고생을 배로한 느낌이다. 소신껏 나만의 방법을 만들어갈 차례였다.

나를 돌아보자 엉켜 있던 실뭉치가 풀어졌다. 아이와 내가 분리 가능한 존재라는 것이 조금씩 드러났고, 거기서부터 무언가 도출되기 시작했다.

본능을 따라 모자라지도 넘치지도 않는 우리만의 적당한 지점을 찾아갔다.

'아이는 발산하고 나는 수렴하는 것.'
'자연스럽고 편안할 것.'

엄마 품과 한아한 시간 속에서 마음껏 책을 읽는 책육아와 아이가 원하는 것을 직접 경험하게 하는 아날로그 육아가 그 예다.

조금은 너그럽고 가뿐해져 볼 일이었다. 요컨대 아이가 흙을 만지면 아이 손을 잡아끌다 지치지 말고 흙냄새도 맡아보고 파헤쳐도 보게 두는 것이다. 그 후 '흙'에 관한 책을 찾아 읽어주면 하루가 알뜰했다.

거스르는 것이 없는 만큼 자연스러웠다. 아이도 즐겁고 그 김에 책도 한 권 읽힐 수 있어 내 마음도 편했다. 물렁하고 마음 약한 엄마와 단단하고 완고한 아이가 마침내 짝! 소리 나게 손뼉을 치게 된 것이다.

어쩌면 해볼 만할지도 모르겠다. 내향적인 엄마와 에너지 넘치는 아이의 합은 사실 썩 괜찮은 조합일지도 모른다. 두 뺨에 따스한 활기가 돌았다.

참 오랜만의 일이었다.

아이를 키우며 처음으로 나를 보았습니다.

아이를 어르면서 나를 어릅니다.

아이를 알기 위해 나를 알아갑니다.

아이를 위함인 동시에 나를 위한 일.

2

내향 엄마의 가정식 책육아

편안하고 다정하게, 가정식 책육아

　아이가 영재발굴단에 나가고 책육아에 관한 질문을 종종 받는다. 그때마다 뾰족한 답변을 드리지 못하는 연유는 우리가 '가정식 책육아'를 하기 때문일 것이다. 이것은 말 그대로 '가정집'에서 '부모와 아이'가 하는 책육아로, 특별난 형식이 있는 것은 아니다. 다만 반듯한 책상과 바른 자세, 화려한 전집과 교구, 독후 활동과 연계 학습, 레벨과 피드백이 있는 '학원식 책육아'와는 조금 다른 모양새다. 그런 책육아를 나쁘게 생각하는 것은 아니다. 문제는 나. 내가 학원식 책육아에 너무 큰 욕심이나 열심을 냈다면 인터넷 검색을 하다 코피를 쏟고, 차오르는 조바심을 아이에게 들킬 것이 불 보듯 뻔했다.

　내 함량이 그만큼인지라 아이를 따랐다. 아이가 원하는 책을 읽어주고 아이의 이야기를 들어주었다. 산책길에서 폐가전을 집어와 분해하고, 주말이면 가전제품을 보러 다니거나 차 보닛을 열어 구경하는 틈새로 책을 읽어줬다. 집에서 편안히 뒹굴고 웃고 울며 아이는 부쩍부쩍 자라났다.

이 '편안하고 다정하게'가 가정식 책육아의 핵심이 아닐까 한다. 책육아 하는 엄마가 가장 먼저 챙겨야 할 것은 책이 아닌 '마음의 평안'. 엄마도 아이도 편안해야 한다는 생각이다. 하여, 욕심이 끼어들 때면 어린 시절을 떠올려보았다. 복스런 엄마 품에서 책 읽던 유년의 기억은 삶에 얼마나 큰 힘이 되어주던지, 그 기억만으로도 마음이 잔잔히 가라앉았다. 아이에게도 그런 기억 하나 만들어주겠다는 마음으로 책육아를 시작했다.

엄마 마음이 편할 때 아이는 밥도 잘 먹고 잘 논다. 사브작 책도 읽는다. 그런 아이를 보기만 하여도 나는 허기가 가시곤 했다. 엄마가 편하면 아이가 편하고, 아이가 편하면 엄마가 편하다. 이것은 엄마와 아이만이 나눌 수 있는 선순환이다. 그렇게 욕심을 덜어내고 긴장을 풀자 소소한 즐거움이 보이기 시작했다.

책육아 인플루언서 중에서도 유독 외향적이고 대담한 이들이 있다. 그들은 여러 매체를 통해 적극적으로 자신의 육아를 선보인다. 하지만 때로는 다른 의견에 방어적일 때도 있어서, 그걸 보는 나는 뭐라도 잘못한 양 지레 숨이 막히곤 했다. 활동적인 우리 아이는 하루에 책 한 권 읽는 게 기적인데. 나는 그 정도면 고마운데. 탑처럼 쌓인 북 트리를 들이밀며, 그들이 말했다. '더 욕심내세요.'

하지만 나는 우리만의 속도와 우선순위를 바탕으로 좀 더 느리고 섬세하게 다가가고 싶었다. 책이 아이 일상에 소소한 즐거움으로 자연스럽게 스미기를 바랐기 때문이다.

교육 메카인 강남을 떠나 교외로 이사를 한 것도 그즈음이었다. 책육아 역시 이때부터 조금씩 안정을 향해 나아가기 시작했다.

처음부터 책을 좋아하던 아이는 아니었다. 아이에게 책 한 권 읽어주기가 이토록 어려울 줄은 꿈에도 몰랐다. 영재발굴단 촬영 시 받은 웩슬러 검사 결과, 아이의 언어 이해력이 상위 0.1퍼센트라는 말에 가장 놀란 건 다름 아닌 나였다. "책을 잘 읽어주셨나 봐요." 담당 선생님 말씀에 눈물이 핑 돌았다. 동시에 '잘 읽어준다'는 게 무슨 뜻일까 궁금했다.

과연 '책을 잘 읽어준다'는 건 어떤 의미일까? 여러 의미가 있겠지만, 나는 그것을 '함께 읽는 과정'을 통해 아이가 '책을 좋아하게 만드는 것'이라 생각한다.

만물박사나 독서 영재를 만드는 것이 아닌 성숙한 '성인 독자'를 키워내는 첫걸음.

이 장에서는 조용하고 내향적인 엄마와 활동적인 아이의 책육아 이야기를 적어보려고 한다.

문 닫고 책 덮고 시작한 책육아

아이가 두세 살 때의 일이다. 서울에 살던 시절, 우리 집은 유독 문턱이 낮았다. 1층인 데다 교통도 좋아서 공동 육아뿐 아닌 이런저런 모임의 구심점이 되곤 했다.

그렇게 담을 허물고, 사람들을 불러 어울리는 게 아이의 '사회성'을 위해 마땅한 일인 줄 알았다. 하루에도 몇 번씩 초인종이 울리기도 했다.

아파트는 강남의 대단지였다. 많은 사람이 이사를 가고, 또 왔다. 놀이터는 각지에서 이사 온 엄마들의 '정보 교환터'였다. 아이와 하루에도 몇 번씩 놀이터에 나가 있자니, 들리는 말이 너무 많아 가만히 있어도 기가 쇠했다.

전형적인 강남 엄마가 아닌 나는 강남 엄마 흉내에 하루치 기운을 다 썼다. 그러나 로마에선 로마법을 따라야 하는 법. 아이가 누군가와 친해지면 수순대로 그 아이 엄마와 커피숍 투어와 학원 투어를 시작했다.

이대로라면 책육아도 강남 육아도, 이도 저도 아니게 될 것 같았다. 불안함에 종이 인형처럼 이리저리 떠밀려 다니던 나를 붙잡아준 건 다름 아닌 아이였다.

아이는 커피숍 수다도, 학원 샘플 수업도 완강히 거부했다. 아이 때문에 모임에 빠지면서도 그런 아이가 밉지만은 않았다.

동네 할머니들로부터 똘똘한 애를 왜 집에서 놀리느냐 지탄도 많이 받았다. "3층 애는 학원을 다섯 개나 다니는데, 얘는 왜 종일 놀이터에 있어? 유치원도 보내고 학원도 좀 알아봐!" 무능하고 무심한 엄마가 된 기분에 힘이 쭉 빠졌다.

아이가 다섯 살이 되자 어디에도 다니지 않는 아이와 나를 별나게 바라보는 눈빛도 느껴졌다.

이사를 했다. 태어나 처음, 서울 밖으로. 이웃들은 아이 데리고 '탈강남' 하는 것이 아쉽지 않으냐고 물었다. 부모님들도 아이 교육을 위해 서울에 머물기를 바라셨다. 하지만 이번에는 내 본능을 따르기로 했다.

이사 온 지역은 사위가 산으로 둘러진 조용한 곳이다. 서울 근교이지만 주위에 마트도, 학원도 없고 음식 배달도 잘 오지 않는 외진 동네. 세대수가 적어 이웃이 많지 않고 전입 전출도 적어 몇 년째 같은 얼굴을 보는 편안함이 있다. 새로울 게 없다 보니 수닷

거리는 금세 동이 난다. 워낙 정보가 늦고 궁한 지역이다. 이곳은.

바로 그 점이 좋았다. 놀이터에 다녀올 적마다 걱정과 고민을 한 짐씩 싸안고 오지 않아도 되니 마음이 가뿐했다. 한적하고 조용하며 서로의 사생활을 중시하는 것이 이곳의 공동 정서이다. 아이들은 늘 장소와 시간을 정해서 만나고, 친구 집에는 정식으로 초대받은 날에만 방문한다. 서로의 텃밭 작물에 관한 이야기는 오가지만 어느 집 아이가 무슨 학원에 다니며 뭘 잘하고 못하는지는 애써 묻지 않는다.

맹모라면 오지 않을 법한 이곳에서 비교와 소문, 뭇사람이 드나들지 않는 우리의 평온한 일상은 시작되었다. 북적이지 않는 일상, 남의 시선을 의식하지 않아도 되는 환경. '약속이 없다는 것'과 '방해받지 않는다는 것'만으로도 새어나가는 에너지는 눈에 띄게 줄었다. 내 아이의 몸짓과 눈빛에 더 많이 집중할 수 있게 됐다.

엄마라고 꼭 개방적이고 털털해야만 하는 걸까. 어떤 엄마에게는 무리 지어서 하는 육아가 괴로울 수 있고 오픈도어가 감옥일 수도 있는데. 그렇다고 폐쇄적인 건 아니다. 소수의 친밀한 이웃과 나누는 정담은 즐겁다. 아이 손님이건 내 손님이건 기대되는 손님을 맞는 일은 늘 설레는 일이다. 다만 엄마가 되었다고 별안간 대문을 열어젖히는 '위대한 개츠비'가 되지는 않는 것뿐이다.

창의적이고 어려운 일일수록 홀로 해보는 게 나은 경우가 많다. 육아라고 왜 그렇지 않겠는가. 잠시 남을 덜어내고 문을 닫아 보면 분명 며칠만 지나도 그 홀가분함이 좋아질 것이다.

'육아서 읽고 자극받았어요', 심심치 않게 쓰이는 말이다. 하지만 이미 팽팽한 고무줄처럼 긴장해 있는 내게 어떤 육아서들은 각성을 추가로 끼얹곤 했다. 그런 책들은 읽으면 커피를 양동이로 마신 양 교감 신경이 자극되어 심박수가 올랐다. 초조함과 죄책감에 밤잠을 설치기도 했다. 그런 첨예한 아드레날린과 도파민 공격을 받아낸 날이면 무엇도 할 수 없었다.

육아서를 읽고 너그러워지는 것도 잠시였다. 육아서나 강연의 자극에 고취되어 에너지를 얻는 건 나에게 해당되는 이야기가 아니었다. 내게는 도리어 외부의 자극을 막는 귀마개가 필요했다. 본격적인 책육아에 앞서 열려 있는 문을 닫고 각성제가 된 책을 덮었던 건 그 때문이었다. 겁이 날 법도 한데 본능을 따랐기 때문일까? 맑은 용기가 앞섰다.

검색 품을 줄이는 '책과의 인연'

초기에는 책 정보를 알아보는 데 많은 에너지를 소비했다. 파고드는 성향 탓에 가격 비교는 물론 후기까지 읽고 또 읽었다. 넘쳐나는 정보와 배송된 책더미 속에서 어쩔 줄을 몰랐다. 여기에 책 때문에 드는 비교, 설렘, 욕심, 집착, 실망 등 감정의 무게까지 더해졌다.

새 책을 찾던 눈을 점차 물려받은 헌책으로 돌리게 되었다. 책을 고르는 시간은 줄고, 책에 집중할 수 있는 시간은 늘자 어떤 책을 어떻게 선정할 것인가, 하는 길이 보이기 시작했다.

그런 연유로 우리 집에는 헌책이 많다. 아이 책의 90퍼센트는 헌책일 것이다. 물려받고 얻어온 책들인데, 누군가의 눈과 손을 거쳐 이렇게 만난 것 또한 인연이라는 기쁜 마음으로 그 책들을 맞이했다. 오래된 것들은 왜 그리도 내 마음을 끄는 건지.

나는 헌책의 노릇노릇 바랜 종이와 수수한 색감, 빵 굽는 듯한 냄새를 좋아한다. 반면 새 책은 대하기 어렵다. 푸르도록 새하얀 종이, 쨍한 그래픽, 아릿한 잉크 냄새는 신경을 자극한다. 내게도 이러한데, 아이에겐 모든 게 과한 자극이 될 것만 같다.

같은 책이라도 신판보다는 구판이, '쩍' 소리 나는 새 책보다 놀놀하게 손 탄 책이 더 좋다. 오랫동안 사랑받은 영광의 흔적이다. 페이지마다 사랑받은 것 특유의 따스한 정서가 배어난다. 버려지지 않고 우리에게 와준 게 고마울 정도다.

어쩌면 그 마음이 검색 품을 줄인 일등공신이었는지도 모르겠다. 유명한 책이 아니어도, 최신 정보가 없어도 '인연이다' 여기고 보여주면 마음이 편했다. 내게 너무 많은 경우의 수는 고통이다. 물려받는 책의 강제적 심플함이 좋아져서 새 책에 대한 검색과 동경을 곧 거둬들였다.

물려받은 책들은 이야기 배경이 1990년대에서 2000년대 초로 거슬러 올라간다. 어투도 그림체도 다소 촌스럽지만, 순한 그림과 맑은 감수성이 사랑스럽다. '아이 책'이라는 기본에 충실한 책들이다. 그 안엔 폴더폰과 필름 카메라, 동네슈퍼가 있다. 내겐 익숙한 과거지만 아이는 본 적도 없는 선사 적 유물들.

특히 옛날 자동차나 가전제품 등이 아이의 관심을 끌었다. "엄마, 옛날 자동차는 각이 졌는데 요즘 자동차는 동글동글해. 공기

저항을 덜 받게 하려고 유선형이 됐나 봐.", "옛날 문고리는 동그랗네. 아, 축바퀴 원리구나.", "옛날 TV는 왜 이렇게 커? 그 뭐더라, 브라운관 때문인가?"

유심히 살펴보며 요즘 물건과 비교하는 재미가 있나 보다. 나는 나대로 필름 카메라에 빛이 들어가 사진을 못 쓰게 된 이야기, 딸깍대던 2G 폴더폰 이야기 등을 들려주며 아이와 타임머신을 탄 것 같은 기분을 즐기곤 한다. 당장 딱 맞는 책이 아니라도 어떻게, 어떤 것을 취하느냐에 따라 아이에게 맞는 좋은 책이 될 수 있음도 알게 되었다.

아이가 다섯 살 때 초등용 사회 탐구 전집을 물려받았다. 아이가 아직 어리고 한창 과학에 빠져 있던 때라 상자째 장롱행이었다. 몇 달 잊고 지내다 이사 통에 그 책들을 꺼내 보았는데, '어렵지 않을까' 하는 내 걱정이 무색할 정도로 아이가 좋아했다.

책에 나온 등고선, 방위 등을 이용해 동네 지도를 만들고 무역, 저축, 이자 등의 주제를 가지고 역할 놀이를 불려갔다. "태정태세문단세~" 조선 왕 계보 외우기 놀이도 쏠쏠히 흥행했다. 물려받지 않았더라면 사지 않았을 책인데, 인연을 믿고 따르니 얻는 게 많았다.

아이가 많은 책을 읽던 3~5세에는 중고 전집을 한 달에 한 질씩 들였다. 내 욕심을 부추기는 새 전집은 피했고, 중고라도 압박감이 들지 않게 딱 한 질씩만 들였다. 전집을 선호한 이유는 '이

중에 네 취향 하나쯤은 있겠지'라는 생각 때문이었다.

그러나 취향이 있으면 비취향도 있는 법. 아이가 외면하는 책은 억지로 읽히지 않았다. 사실, 좋아하는 책만 골라보는 아이는 구박이 아닌 박수를 받아야 마땅하다는 생각이다. 자기 취향과 주관이 있다는 건 정말 멋진 일이니까.

이처럼 아이 취향 파악에도 중고 전집만큼 좋은 게 없었다. 부록이나 교구가 없어도, 권수가 좀 모자라도 내용만 좋으면 구매했다. 책 '읽어주기'에 내 에너지를 집중하고 있으니 부록은 짐이 될 뿐이었다. 교구가 없으니 아이는 일상 속에서 스스로 사고하여 책 내용을 확장시키고 놀거리와 익힐 거리를 찾아내었다. 이 또한 중고 전집을 고집하는 연유다.

카탈로그나 잡지 등 읽을거리가 풍성해진 요즘은 전집도 뜸하게 들인다. 보던 책들을 돌려 보고, 월말에 어린이 과학 잡지를 사주면 한 달이 훌쩍 간다.

욕심을 버리니 그 순환이 유려하다. 아이는 여러 전집을 수십 번 반복하며 근력이 붙었는지 어떤 책을 봐도 금방 이해하고 흡수한다.

단행본은 아이가 서점에서 고르도록 했다. 아이는 엄마가 골라준 책보다 자기가 고른 책을 더 오랫동안 아끼고 좋아했다.

헌책들은 우리 집에 온 후 말 그대로 '헌책'이 되어버렸다. 해

가장 무해한 보모이자 지혜로운 선생님에게
아이를 맡긴 듯한 홀가분함.
아이가 책을 보는 순간은 그래요.
폭풍 전야의 고요함이지만
봄날의 강물 같은 기억으로 남습니다.

를 거듭하며 책 기둥이 흔들리다 못해 제본이 분리된 책들도 여럿. 나는 그 책들을 9년 책육아의 훈장으로 삼는다. 번쩍이는 최신간이나, 열띤 독후 활동의 흔적보다 더 멋지고 애틋한 우리만의 훈장.

　검색과 구매에 드는 품을 줄이기 위해 장난감과 옷도 물려받은 것을 최대한 활용했다. 아이는 최신 유행과 거리가 먼 옷을 입고, 반쯤은 고장 난 장난감을 가지고 놀며 자랐다. 덕분에 옷을 더럽혀도, 장난감을 망가트려도 꾸중 들을 일이 없었다. 물건이 아이를 지배하거나 제한하지 않았기에 아이는 본연 그대로 눈부시게 밝고 건강하다.

'책 흘려듣기' 좋은 날

　언젠가 동네를 둘러보다 책 대여점에 들른 적이 있다. 정숙한 분위기의 그곳은 책 대여와 동시에 독서를 지도하는 곳이었다. 선생님의 시선 아래서 아이들은 책상에 반듯하게 앉아 책을 읽고 있었지만, 즐거워 보이지는 않았다.

　조금이라도 흐트러지면 잔소리가 내리꽂혔다. 팽팽한 긴장과 엄격함에 숨이 막혀 나도 모르게 서둘러 그곳을 빠져나왔다.

　나 역시 책상에 반듯하게 앉아 책 보기를 권유받으며 자랐다. 편한 자세로 본다면 책이 더 재밌게 느껴질 텐데 왜인지 어른들은 그걸 용납하지 않았다. 그런데 의아했다. 어느 날 본 '세서미 스트리트(미국의 어린이 TV 프로그램)' 속 외국 아이들은 각양각색 편한 자세로 책을 읽고 듣는 게 아닌가. 신선했다. 저 아이들은 천국에 있는 기분이겠지? 그날도 반듯하게 앉아 TV를 보던 한 어린이는 생각했더란다.

그리하여 비교적 일찍 내려놓은 것이 아이의 책 읽는 자세다. 우리 아이는 대단한 운동량을 가진 데다 호기심도 많다. 그걸 무시한 채 반듯하게 책 읽는 아이를 기대하며 책육아 선배들이 강추하는 독서대와 아기 소파를 구매했다. 그런데 역시나 아이는 독서대를 보자마자 드라이버를 들고 와 야무지게 분해했고 아기 소파는 뜀틀로 사용했다.

블로그 속 아이들은 하나같이 정갈히 앉아 책을 보던데, 현실은 그렇지 않았다. 너무나도 편안해 보이는 우리 아이를 보면 '똑바로 앉아!'라는 말이 울컥울컥 나왔다. 그러면 그 소리가 신호라도 된 듯 아이는 책을 덮고 일어나버렸다.

결국, 잔소리를 삼키고 쿠션을 들었다. 아이 자세가 불편해 보이면 책 밑이나 아이 등 뒤에 슬쩍 쿠션을 괴어주거나 쿠션 방향을 바꿔주었다. 어설피 지적하고 교정하려다 아이의 집중을 깨고 싶지 않았기 때문이다.

물론 자세는 아이의 건강과도 직결되기 때문에 늘 관심 있게 지켜본다. 서 있는 자세나 식사하는 자세 등 평소 아이의 자세를 잘 잡아주려 노력하지만, 책 읽을 때만은 예외다. 최대한 편하게 둔다. 그저 '지금 책 보는 자세가 가장 좋은 자세려니' 생각한다.

내가 읽어줄 때는 더욱 세심히 아이 기분과 컨디션을 존중한다. 눕든 앉든 구르든, 듣는 자세엔 제한을 두지 않는다.

아이는 밖에 나가면 집중력이 좋고 자세가 바르다는 칭찬을 곧잘 받는다. 흔히 집에서 늘어지면 밖에서도 그러리라 예상하지만 정말 그럴까? 아이는 아이라서, 종일 각 잡고 있을 수는 없다. 집에서 편안히 모은 좋은 기분과 에너지를 밖에서 바른 자세와 멋진 태도로 승화시킨다. 집에서 새어야 밖에서 새지 않는 바가지도 있는 것이다.

아이의 아가 시절, 열심히 책을 읽어주는데 엉덩이를 들썩대던 아이가 기어코 자리를 떴다. 목소리를 높여 주의를 끌어보려 했지만 아이는 무심히 딴짓이다. 읽어봤자 목만 축나는 것 같아 책을 덮는 순간 들려온 건, 멀찍이 등을 돌린 아이의 재촉이었다. "엄마, 더! 더!"

의외로 많은 아이들이 '듣는 것'을 좋아하는 청각적인 아이라고 한다. 우리 아이도 그렇다. 그림과 활자에 집중하는 시각적인 아이가 아니었다. 청각적인 아이들은 상황 불문 이야기에 집중하는 능력이 좋다고 한다. 나는 아이의 그 능력을 믿었다. 옆에 끼고 일일이 짚어주고 확인하며 읽어줘야 한다는 강박을 지웠다.

아이가 딴짓을 하거나 돌아다녀도 '흘려듣기 시킨다' 생각하고 읽어줬다.

책을 읽어줄 땐 오는 아이 막지 않고 가는 아이 붙잡지도 않는다. 읽기를 멈추면 아이는 딴짓을 하다가도 "다음은요?"라고 물어왔다. 특별한 요구가 없는 이상 아이가 옆에 있든 없든 멈추지 않고 읽었다.

많은 이들이 영어책 흘려듣기에는 관대하다. '흘려'들어도 좋다며 종일 CD를 틀어주기도 한다. 그런데 왜 우리말 책을 읽어줄 땐 집중해서 듣기를 강요할까? 평상시 책을 읽어줄 때도 '영어책 흘려듣기'만큼의 관대함을 적용해보면 어떨까.

나지막이 책 읽어주는 엄마 목소리만큼 좋은 배경음을 나는 알지 못한다. 책 읽는 엄마 목소리를 들을 때 아이는 안정을 얻는다. 잔잔하고 단단해져 가는 아이의 내면을 마주할 때마다 이것은 짐작이 아닌 확신이 된다.

책 읽는 엄마의 목소리가 벽지처럼 공간을 둘러싸고 배경으로 녹아들기를 바란다. 그렇게 된다면 흘러가 버릴지언정 버려지지는 않을 테니까. 아이는 포근한 엄마 음성을 통해 날아든 책 속의 활자며 이미지를 나름의 방식으로 제 안에 그려 넣는다.

아이가 어쩐지 늘어지고 산만한 날, 좋은 배경음 틀듯 책을 읽어준다. 365일 중 350일쯤 되는 보통날, 오늘은 책 흘려듣기 좋은 날이다.

책 보다 먼저 아이를 읽으면

초반에는 열심히 내달렸다. 밤새 준비한 것들로 독후 활동도 하고 책과 연계된 체험도 다녔다. 강연도 듣고 블로그와 책을 쥐 잡듯 뒤져 엄마표 놀이도 해줬다. 하지만 아이와 하는 일에는 많은 변수가 존재했고 내 밑천은 쉽게 드러났다. 어째 모양새가 좋지 않았다. 내 마음도, 아이도 비뚜름히 불편해 보였다. 욕심과 기대가 앞섰나? 내 긴장과 초조가 아이에게 전달된 걸까? 그래서 아이가 뿔이 난 걸까?

블로그를 끄고 육아서를 덮었다. 계획과 모방을 걷어내고 아이를 보았다. 아이는 한창 가전제품을 분해하는 재미에 빠져 있었는데, 그때마다 눈이 빛났다. 그 반짝이는 눈빛과 기분 좋은 자극으로 달아오른 두 볼을 최대한 많이 보고 싶었다.

그때부터일 것이다. 아이 눈빛을 읽으려고 노력했던 건. 무엇을 할 때 반짝이는지 살피고 책은 읽어달라는 만큼만 읽어줬다.

활동량과 호기심이 많은 아이에게 책 한 권 온전히 읽히기란 낙타가 바늘구멍에 들어가기보다 힘든 일이었다. 한참 동안 책을 읽어준다기보다는 책으로 '놀아주었다'. 이런저런 시행착오 끝에 아이의 책 성향이 보였다. 서너 살의 아이는 자동차나 소방관, 경찰이 나오는 책을 좋아했지만 공주 왕자 이야기나 전래동화에는 흥미가 없었다. 좋아하지 않는 것까지 억지로 읽히고 싶지는 않았다. 그보다는 '이거라도 봐주는 게 어디야' 하는 고마움이 더 컸다.

호불호가 뚜렷한 아이라 성향을 읽는 건 그다지 어렵지 않았다. 더 신경을 썼던 건 책을 대하는 나의 마음이었다.

어쩌면 내 좋은 친구인 책을 아이에게도 소개해준다는 심정이었는지도 모르겠다. 서툴더라도 다정하게, 더디 가도 오래오래 아이가 세상에서 가장 좋아하는 사람인 엄마가 읽어주는 책, 그런 포근한 기억을 쌓아주고 싶었다.

아무리 바빠도 '책 읽어달라'는 부탁은 거절하지 않기로 했다. "아구, 우리 아기 책 가져왔어? 재미있겠다!" 그렇게 엉덩이 두드려주며 최대한 즐거운 태도로 읽어주었다. 설거지하다가도, 냄비 속을 휘젓다가도 마찬가지였다. 책 읽어주기 가장 좋은 순간은 아이가 원할 때임을 알게 된 후론 하루도 빠지지 않고 그랬다.

도서관에 간 기억은 손에 꼽힌다. 아이가 책 반납하는 것을 탐탁지 않아 하기 때문이다. 대신 온 가족이 주말마다 서점에 간다. 책을 좋아하는 사람들이 이렇게 많다는 것을 보여주고 싶어서다. 아이가 뭘 읽었는지 기록하거나 세지도 않았다. 스티커라든가 보상을 준 적도 없다. 거기에 매달리면 또 다른 소모전이 시작될 것이었다.

그러나 책 읽는 모습이 멋지다는 격려와 칭찬은 아끼지 않았다. 아이가 좋아하는 책은 몇 번이고 기쁘게 읽어줬다. 깨알 같은 전자제품 사용 설명서나 카탈로그, 등장인물 많은 아동용 학습만화도 예외는 아니다.

아이는 산책길에서 마음에 드는 차를 보면 집에 와 책을 펼친다. 카탈로그, 아기 때 보던 책, 전문가용 기술서까지 동원하여 조잘조잘 이야기를 들려준다. 이토록 다정한 순간이 연출되는데 권수나 수준이 다 무슨 소용일까 싶다.

돌아보면 말 못 하던 시절부터 아이는 책을 통해 말을 걸어왔다.

'엄마, 나는 과학이 좋아요. 수를 세는 것이 재밌어요. 내가 오늘 본 것들을 다시 보고 싶어요. 그런 책을 보여줄래요?'

그런데 아이를 읽으려 하기보다 내 지식에 의존하는 탓에 그 신호를 바로 알아채지는 못했다. 조금씩이나마 아이의 마음을 읽고 확인해 나갈 때마다 뿌듯했다. 정신없는 나날이지만 내가 엄마로서 무언가를 하고 있으며, 아이와 조금씩 통하고 있다는 기분에 마음이 풍요했다. 무기력 대신 활력이, 우울 대신 기쁨이 차올랐다.

책육아 9년, 아이와 책으로 쌓은 기억창고가 퍽 다보록하다. 이 기억으로 앞으로의 날들도 씩씩하게 살아내겠지. 배가 부르고 마음이 든든한 요즘이다.

선풍기가 전해준 것들

기어 다니던 시절부터 아이는 집 안의 기계들을 좋아했다. 인형보다 리모컨을 좋아했고, 장난감 라디오 아닌 진짜 라디오를 만지고 싶어 했다.

마침내 네 살 여름, 아이는 산책길에서 버려진 선풍기와 마주쳤다. 가져가자고 떼를 쓰는 걸 누구도 말릴 수가 없었다. 긴 실랑이 끝에 선풍기를 가져와 AS센터에서 확인을 받고, 깨끗이 씻은 후 집에 들여왔다.

그로부턴 일사천리였다. 코드를 뽑아주자 아이는 신이 나서 만져보고 뜯어봤다. 여기저기서 선풍기를 업어 왔고, AS센터를 드나들며 수리 기사님과 막역한 친구가 되었다. 원심력이니 회전 관성이니 하는 말들도 찬찬히 새겨 넣었다.

'선풍기 수리공' 놀이가 시작된 것도 그맘때였다. 아이는 작은 가방에 자신의 공구를 잔뜩 챙기고는 수리공 역할을 맡았다. 그러면 나는 선풍기 한 대를 들고 문밖으로 나가 휴대폰으로 집에 전화를 걸었다.

"아저씨, 선풍기가 고장 났는데요 지금 가도 되나요?"

"네, 빨리 오세요."

더없이 뜨겁고 심심한 날들이었다. 아이 그리고 선풍기들과 부대끼는 사이에 계절이 몇 번이나 바뀌었다. '새로운 걸 해볼까?' 하는 얕은 마음도 귀에 연필을 꽂고 공구 가방을 들고 다니는 아이의 귀여움에 매일 잊혀졌다.

아이의 한글 떼기에 가장 큰 공을 세운 것도 선풍기 카탈로그였다. 다른 아이들처럼 동화책으로 한글을 깨쳐주길 내심 바랐건만, 속도가 나질 않던 참이었다. 적어도 선풍기 카탈로그 한 권을 받아 오기 전까지는.

아이는 그 한 권을 닳도록 보았다. '덕후 맞춤 컨텐츠'랄까. 며칠 만에 책이 너덜너덜해져 일주일에 한 권씩 새로 얻어와야 할 정도였다. 아이는 깨알 같은 글씨를 읽고 싶어 안달복달했다. 아이의 동기와 의욕이 넘실대니 곁의 나도 덩달아 신이 났다.

아이가 묻는 단어들을 몇 번이고 읽어주고, 카탈로그 보는 아이를 방해하지 않았다. 다른 책들은 잊었다. 그렇게 한 달쯤 지난 어느 아침, 먼저 일어난 아이가 웬일로 내게 책을 읽어주겠단다. 그간 보지 않던 개구리에 관한 책이었다. 아이는 그 자리에서

좋아하는 마음에는 날개가 달린다.

마음을 끌어당기는 것이 가장 좋은 선생님이다.

책 한 권을 큰 소리로 다 읽었다. 곧, 카탈로그 속 길고 복잡한 문장과 외래어, 전문 용어 등의 낯선 단어도 자신 있게 읽어내기 시작했다.

그 김에 잠들어 있던 서랍 속 은행 놀이 세트도 꺼냈다. 그걸로 선풍기 수리비를 계산하자고 했더니 아이는 날짜와 수입을 공책에 기입까지 하며 공을 들였다. 아이가 "8,000원입니다" 하면 나는 10,000원을 내고 2,000원을 거슬러 받았다.

그 놀이에 재미가 붙었는지 아이가 계산 문제를 더 내달란다. 공책에 한 문제씩 내주다가 연산 문제집을 시작했는데, 가르친 적 없는 받아 올림과 내림까지 척척 해내 조금 놀랐던 그 여름의 기억들.

그건 아마도 아이 방식대로 힘껏 즐겁던 날들이 발현한 결과일 것이다. '어느 날 갑자기'도 아니고, '책으로만'은 더더욱 아니었다.

좋아하는 마음에는 날개가 달린다. 마음을 끌어당기는 것이 가장 좋은 선생님이다. 여전히 베란다를 지키고 있는, 아이의 선풍기들이 내게 준 교훈이다.

은밀하게 부드럽게,
아이의 선택을 이끄는 넛지 책육아

　오랜만에 한 지인이 찾아왔다. 얌전한 기질의 또래 아이를 둔 그녀는 활동적인 우리 아이를 보며 혀를 내두르곤 했다. "윤하는 여전히 에너지 넘치네. 힘들겠다. 빨리 유치원 보내." 이것이 그녀가 몇 년째 건네는 위로이자 대안이었다.

　잠시 후, 한참을 시끌벅적하게 놀던 아이가 소파에 앉아 숨도 안 쉬고 책을 읽기 시작했다. 돌연한 정적에 지인은 자기가 알던 그 아이 맞느냐며 동그래진 눈으로 물어왔다. "세상에, 어떻게 했길래 저렇게 책을 읽게 됐어?"

　사실, '어떻게 한 건' 없었다. 오히려 어떻게 하지 못해 고민이었다. 부모의 잔소리는 아이에게 보약이 된다던데 마음 약한 엄마의 소심한 잔소리는 감기약도 못 되는 것 같았다. 직설적인 말씨와 강력한 리더십은 이번에도 내 것이 아니었다. 부모가 책 읽는 모습만 보여줘도, 집에 책만 있어도 된다는 책육아의 공공연한 정설은, 그래서 매혹적이었다.

하지만 책육아 고수네와 우리 집은 사정이 또 달랐다. 아이에게 '책 읽자' 하면 아이는 '아니, 놀자!' 하며 책을 덮어버렸고, 내가 쥐여주는 책에는 눈길조차 주지 않았다.

좀 더 은유적이고 순한 방법이 필요했다. 이를테면 넛지 효과 같은 것. 나는 이솝우화 『바람과 태양』에 나오는 태양처럼 부드럽게 아이의 자발적인 선택을 끌어내고 싶었다. 하여, 판단과 행동은 아이에게 맡기고 나는 주변 환경에 조금씩 변화를 주기 시작했다.

• 아이가 한창 서랍 열기를 좋아하던 시기엔 부엌이나 화장대 서랍에도 책을 한두 권씩 넣어두었다. 읽을지 말지는 아이 선택이다.

• 아침에 일어났을 때 장난감과 책이 같이 있다면 아이는 장난감을 택한다. 그래서 잠든 아이의 머리맡엔 늘 아이가 좋아하는 토이북을 놔뒀다. 아이는 아침마다 방긋방긋 웃으며 책을 읽었고 그 모습에 나는 하루치의 힘을 얻곤 했다.

• 아이가 보는 앞에서 아이 책을 읽은 것도 효과가 있었다. '책 즐기는 엄마'의 모습을 연출하느라 내 책을 읽고 있으면 아이는 책

을 뺏어버렸다. 하지만 아이 책을 볼 때면 내 옆에 와 앉았다. 무슨 내용인지 묻기도 하고 자기는 읽어본 책이라며 스포를 늘어놓기도 했다. 나라도 만약 남편이 쇼파에 앉아 어려운 전공 서적을 보고 있다면 관심이 가지 않을 것이다. 하지만 내가 좋아하는 영화에 대한 잡지를 읽고 있다면? 곁에 앉아 함께 읽고, 이야기도 나누고 싶어진다. 엄마가 먼저 아이 책을 좋아해야 한다는 것도 같은 맥락 아닐까?

• 실제로 아이의 책을 즐겁게 읽는다. 나는 아이 책을 혼자 볼 때도 재미있으면 배꼽 잡고 웃었고 슬프면 눈물을 글썽인다. 아이는 이런 책들에 강한 궁금증을 보였다. 하지만 거짓 감정으로 아이를 낚는 '양치기 소년'이 되지 않도록 주의한다. 아이 역시 영혼 없는 감탄엔 꿈쩍도 안 한다.

• 아이 책 여기저기를 미리 훑어두면 깨알 같은 이야깃거리가 생겨난다. 특히 맨 뒤 '저자의 말'에는 주제와 관련된 저자의 에피소드가 나오기도 하는데, 나는 이를 활용했다. 일례로 『신기한 스쿨버스 - 전깃줄 속으로 들어가다(비룡소)』 마지막 장에 이런 문구가 쓰여 있다. '조애너 콜과 브루스 디건은 이 책을 쓰기 위해서 발전소와 전깃줄 수리 센터에 정말 다녀왔다고 한다.' 이 말을 들은 아이는 꿈꾸듯 기뻐했다. 이런 구절들은 책을 열기 전 아이의 호기심

을 자극하고, 책을 덮고도 이야기를 이어가게 하는 힘이 있다.

• 내가 먼저 읽고 아이에게 추천하는 방식도 좋았다. 엄마가 좋아하는 책은 후광을 얻게 마련. 요즘은 아이를 핑계로 내가 어릴 때 읽던 책들을 구해 읽고 있다. "엄마가 어릴 때 정말 좋아하던 책이야." 이 이상 좋은 동기가 또 있을까.

• '제발 책 좀 봐주겠니?' 하는 눈빛과 표정은 도움이 되지 않았다. 오히려 '책은 참 재미있는 건데, 그걸 모르다니 아쉽네.' 하는 여유와 배짱이 유효했다. 책을 읽다가 아이가 같이 보자고 하면, "와, 이거 재미있네. 혼자만 봐야지!" 하며 튕겨보기도 했고 "이 책 진짜 재밌는 건데, 너한테만 특별히 양보할게." 하는 아량을 발휘하기도 했다. 재밌는 책은 아빠도 같이 보자며 출근하는 남편의 가방에 아이 책을 넣어준 적도 있다.

• 가위바위보를 해서 이긴 사람이 읽고 싶은 책을 정해서 읽어주기도 했다. 진 사람이 억지로 읽는 것이 아닌, 이긴 사람이 즐겁게 읽어주는 느낌을 주고 싶었기에.

• 유태인들은 아이가 책을 달콤하게 느끼도록 책에 꿀을 발라놓았다고 한다. 실제로 그렇게 할 수는 없었지만, 거기서 힌트는 얻었

다. 그래서 아이가 볼 만한 책 표지에 쌀 과자처럼 개별 포장된 작은 과자를 붙여두거나 책 페이지 사이사이에 아이스크림 쿠폰을 만들어 끼워두었다.

쿠폰을 만드는 방법은 간단하다. 포스트잇 쿠폰을 만들어 책에 붙여두고 주스를 미리 얼려두기만 하면 준비는 끝. 다음날 쿠폰이 든 책을 아이 노는 곳에 두고 아이가 쿠폰을 발견하면 얼린 주스를 기쁘게 꺼내주었다. 나른한 여름날이 짜릿해지던 그 순간을, 아이는 참 좋아했다.

방법이야 이외에도 무수할 테다. 섬세하게 내면의 안테나를 세우고 각자의 육아 상황에 맞는 넛지를 찾아보면 어떨까. 그리고 마음이 급해질 때마다 떠올려보는 것이다. 많은 경우, 사람을 움직이는 건 등을 떠미는 바람이 아닌 마음에 스미는 봄볕의 따스함이란 것을.

활동적인 아이의 책장에 필요한 것

아이의 세 살 무렵, 책육아 선배들의 조언대로 집 안을 책으로 도배했다. '표지가 보이면 아이들이 책을 잘 본다'는 것이 책육아계의 오랜 정설. 벽이란 벽마다 전면 책장을 세웠다.

물론 시작은 좋았다. 전면 책장에 아이가 좋아하는 책 몇 권만 무심히 두었을 때는 아이도 간간이 책을 빼 들었다. 그 모습에 욕심이 올라왔다. 아이가 좋아하는 책보다 내가 읽히고 싶은 책을 더 많이 꽂기 시작했고, 아이가 책에 무관심해질수록 더 많은 책을 끌어와 진열했다. 전면 책장은 차차 내 욕망의 전시장이 되어갔다.

아이 친구 중에 유난히 엉덩이 무거운 아이가 있다. 이 친구는 우리 집에 오면 이 책장 저 책장 앞을 옮겨 다니며 책들을 찬찬히 관찰했다. 그러고는 마음에 드는 책을 하나씩 빼 읽었다. 집에 책

이사를 하며 책장을 정비했다.

그러자 아이가 책과 눈을 맞춘다.

장조차 없는 아이였는데 책 읽는 모습은 '책육아의 정석', 그 자체였다.

뭔가 씁쓸한 와중에 번쩍 스친 생각이 있었다. 우리 아이에게는 책은 그저 '벽'일 뿐이구나. 고만고만해 보이는 책들이 활동적인 아이의 눈을 사로잡을 리 없었다. 정적인 아이라면 책장 앞에서 표지들을 차근히 둘러보겠지만, 우리 아이는 그렇지 않았다. 뛰어다니며 책장 앞을 스치듯 지날 뿐이었다. 빠르게 아이 눈을 사로잡을 단 '한 권'이 필요했다.

백화점 쇼윈도가 떠올랐다. 사람들의 눈길을 빠르게 사로잡기 위해 킬러 아이템 몇 점만을 진열하지 않던가. 쇼윈도에 많은 제품이 나와 있다면, 그중 어떤 것도 행인의 눈에 들지 않을 테다.

게다가 여기저기 책이 산재하다 보니 책 찾는 데 허다한 시간과 에너지가 들었다. 특히 얇고 조그만한 책은 없어지면 찾을 길이 없었다. 그런 와중에 아이는 보고 싶은 책을 바로 보지 못하면 뒤집어졌다. 그때마다 '원하는 책을 당장 얻지 못하면 아이가 책과 멀어진다'는 문구가 가슴을 내리눌렀다.

이사를 하며 책장을 정비했다. 예닐곱 개의 전면 책장을 모두 처분하고 소담한 3단 책장 하나를 새로 들였다. 그곳에 책을 꽂아두는 것뿐만 아니라 아이가 좋아할 만한 책의 표지 앞면이 보이도록 진열해두었다. 단, 표지가 보이는 책은 3권을 넘기지 않도록 했다. 그러자 아이가 책과 눈을 맞춘다. 보고도 믿기지 않던 순간, 그러니까 뛰놀던 아이가 풀썩 앉아 책을 보는 기적은 그렇게 시작됐다.

표지 보이는 책 한두 권은 자주 바꿔줬다. 반면 아이가 좋아하는 자동차 백과나 기계 백과는 늘 책장 한 편에 꽂아두었다. 아이가 그때그때 궁금한 것을 찾아보게 하기 위함이다. 정해진 곳에 백과가 있으면 아이의 호기심 센서에 불이 들어오는 순간을 놓치지 않고 대응할 수 있다. 엄마도 잘 모르겠다며 핸드폰을 꺼내는 일과도 멀어진다.

새 책이 오면 전용 칸에 넣어두고 두 달 정도 지켜보며 아이 반응에 따라 거처를 옮겨주기도 했다. 가끔은 이벤트처럼 아기 때 읽던 책을 꽂아주기도 하는 등 나름의 소소한 책 관리를 하게 되었다. 그러자 "엄마, 그 책 어디 있어요?"라는 아이의 질문에 허둥대지 않게 되었다.

활동적인 아이의 책육아, 중요한 건 스피드다. '보고 싶은 욕구'와 '알고 싶은 욕구'가 바로 해소될 때, 아이는 책을 가장 달게 읽는다. 두말할 것 없이 내 속도 개운하다. 책 정리에 공을 들인 이유다.

'가족의 책'이 많아지면

책에는 추억과 감정이 담긴다. 앨범이나 타임머신처럼 책장을 여는 순간 기억이 따라 나온다. 아이의 첫 책들은 물론 내가 청소년 시절에 읽던 도서들, 대학 교재에 아직도 적지 않은 공간을 내주는 이유다.

책을 좀 줄이고 가뿐하게 살고 싶었지만, 책을 버리거나 팔 때면 무언가 떨어져나가는 고통이 들었다. '책 정리하기 너무 힘들어요!' 외치는 육아 동지들이 꽤 계신 줄로 안다. 그분들에게 힘이 될 만한 이야기를 나눠본다.

집에 책이 쌓여 있는 장면을 보는 것만으로도 아이의 지적 능력이 향상된다는 연구 결과가 있다.

아이들은 책을 읽지 않아도 집에 책이 쌓여 있는 장면을 보는 것만으로도 지적 능력이 향상될 수 있다. 또 집에 책이 많이 있는 것만으로도 교육 성취도에 긍정적 영향을 미친다. …
OECD의 국제성인역량조사 데이터 5년치를 분석한 결과, 어린 시절 집에 책이 많은 분위기에서 자란 성인들은 언어 능력, 수학 능력, 컴퓨터 활용 능력이 뛰어났다. 학창 시절 학업 성적도 집에 있는 장서의 규모와 비례했다. 특히 고소득층 자녀보다 저소득층 가정에서 책이 하나씩 늘어나는 것이 학업 성적 향상에 긍정적인 영향을 미쳤다. "정규 교육은 제대로 받지 못했더라도 책으로 둘러싸인 집에서 자란 십 대 청소년들은 책이 별로 없는 환경에서 자란 대학 졸업생만큼이나 지적 수준이 높다는 것을 확인했다"는 연구진의 설명도 있었다.

— 경향신문 2018. 10

기사는 책으로 '둘러싸인' 가정환경의 이점을 말한다. 이때 대상을 '둘러싼' 책은 필시 '가족의 책'일 것이다.

영유아기 독서의 중요성은 모두의 상식이 되었다. 그러나 '가족의 책'이 많은 환경의 중요성은 자꾸만 빛이 바랜다. 영유아 전집 판매량은 끝없이 치솟는데 성인의 연간 도서 구매량은 인당 평균 4.1권이다. 한국의 가정당 장서 규모는 31개국 중 25위. 초라한 실적이다.

육아하면서 아이 책만 늘린다면, 아이는 어느 날 알게 될 것이다. 집에서 책을 읽는 건 나뿐이구나. 책을 사준 어른들은 스마트폰만 들여다보고 있으니, 아이는 이해가 되지 않을 것이다.

'치, 책은 좋은 거라더니.'

육아하는 집에 더 많아져야 하는 건 양질의 부모 책일지도 모른다. 그런 생각에 잡동사니를 치운 집 안 곳곳에 어른 책을 배치했다. 자극적인 책들은 치워두고, 양서들만 아이 눈에 잘 띄는 곳에 '무심히' 꺼내두었다.

어른 책을 궁금해하던 아이는 엄마 아빠의 책을 야금야금 빼읽으며 미지의 세계를 탐험한다. 어느 날 아이가 바우하우스(독일의 예술 학교)에 관한 책을 넘기다가 "르 코르뷔지에네(스위스 태생의 프랑스 건축가)!" 하는 것이다. 어떻게 알았냐고 물었더니, 내 책장의 책에서 본 이름이라고 했다. 한번은 아이가 마트에서 뜬금없이 청소 도구를 사보란다. 엄마의 미니멀 라이프 책에서 봤다며 제품의 장점을 읊어주는 '주부 9단'의 설명에 웃음이 났다.

때론 게으름도 약이 된다. 나는 남편이 학술지나 설계도를 펼쳐두고 출근해도 치우지 않는다. 아이가 흥미롭게 살펴보는 걸 알기 때문이다. 오늘 아침에는 내가 식탁 위에 엎어둔 어린 왕자를 아이가 들척인다. 우유 잔을 든 채 책 앞에 멈춰 선 그 작은 뒷모습에 전율했다. 아이는 무언가를 읽듯 천천히 책장을 넘겼다. 마치 오랜 친구가 될 준비를 하는 것처럼.

아이들이 어른 책을 보는 것도 일종의 '어른 놀이'다. 나는 그 놀이를 적극 지지한다. 다른 게 아니라 책에 대한 심리적 장벽을 낮추려는 시도다. 영재발굴단 방송분에는 아이가 도서관에서 두 꺼운 전문 서적을 보는 모습이 나온다. 이제 아이는 자기 쓸모에 의해 어른 책을 찾는다.

자연스레 우러나는 '읽는 분위기' 역시 중요하다. 나는 아이 앞에서 마트 전단지나 요리책도 진지하게 읽는다. 활자가 적힌 종이라면 무엇이든 좋았다. 잡지와 카탈로그, 전단지, 신문, 사용 설명서, 고지서, 지도, 영수증 모두 생활과 가까운 좋은 매체다. 장난감 상자 뒤의 설명문, 다녀온 전시회의 티켓이나 팜플렛 등도 그냥 버리지 않고 아이 눈에 띄는 곳에 놓아두곤 한다. 아이는 이처럼 다양한 인쇄물을 통해 책과의 거리를 줄여나갔다.

가족의 읽을거리가 많다면 '읽는 가족'이라는 정체성이 생길 것이고, 부모도 아이도 자연히 그 모습을 향하게 될 것이다.

오는 주말엔 서점에 갈까 한다. 아이도 좋아할 만한 책을 골라 탁자 위에 두고 천천히 읽을 참이다. '책 과소비자'로 살 수 있는 명분이 이렇게 또 늘어났다.

책육아는 거실 육아다

영재발굴단에 나온 집들에는 공통점이 있단다. 바로 거실이 서재라는 점. 우리 집도 그렇다. TV 대신 책장이 있는 거실에서 아이는 많은 시간을 보낸다. 우리 거실은 도서관 스타일은 아니다. 오히려 책이 있는 놀이터랄까, 휴식처랄까. 내가 우선한 것은 편안함과 자연스러움이었다.

내 또래라면 '책은 책상에서!'라는 말이 익숙할 것이다. 나 역시 그런 교육을 받으며 '공부는 공부방에서 혼자 하는 것'이라는 고정 관념을 갖고 있었다.

아이의 돌 무렵, 성마른 '공부방'을 꾸며준 것도 그 때문이었다. 당시 아이가 주로 활동하던 곳은 거실이었지만, 빨래도 개고 청소도 하는 거실은 말 그대로 생활공간이기에 생활의 소란과 분절된 공간을 만들어주면 아이가 그 안에서 책도 읽고 창의적인 활동도 할 줄로 기대했다.

그러나 아이는 방에 들어가지 않았다. 거실과 부엌에서 엄마 일을 같이하고 싶어 했다. 다섯 살이 되도록 아이 방 교구장과 책상에는 먼지만 쌓여갔다. 아이에겐 아직 방이 필요 없어 보였다.

때마침 아이의 연구(?)로 거실 TV가 망가지고 말았다. 이사를 앞둔 시점, 운명 같은 일이었기에 미련 없이 TV를 처분했다. 아이 방의 책상과 교구장도 치워버렸다. 나는 거실이라는 공간의 의미를 새로이 하고 싶었다.

이사 후 본격적인 '거실 육아'가 시작되었다. 우선 아이의 생활 패턴과 동선을 면밀하게 관찰했다. 아이의 하루는 공놀이 등 동적인 활동 반, 독서나 대화 같은 정적인 활동 반으로 채워져 있었다. 우리 거실은 아이의 신체 활동에 방해가 적은 동시에 가족의 정적 활동과 휴식도 가능한 공간이 되어야 했다.

무엇보다 동선 줄이기에 신경을 썼다. '지우개 어딨지?' 하는 순간 모여 있던 에너지와 집중이 깨지기 때문이다. 손이 닿는 곳에 필요한 모든 것을 뒀다. 특히 좌탁 주변은 비행기 조종실인 칵핏(cock-pit)을 참고했다. 중요한 작업에 열중할 수 있도록, 필요한 모든 것에 대한 정보를 한눈에 확인할 수 있도록 단순화한 것이다.

그렇게 정적 활동으로 돌입하는 부팅 시간을 줄이고, 지금 하는 일에 집중할 수 있도록 간략하고 직관적으로 꾸몄다. 역시, 중요한 건 스피드. 좌탁 서랍에는 매일 쓰는 연산 문제집과 노트, 필통, 칠교를 넣어두었다. 소파 옆 작은 책장에는 아이가 자주 보는 잡지와 카탈로그를 꽂았다. 앉은 자리에서 손만 뻗으면 되니, 무언가를 가지러 가다가 마주치는 사물에 시선을 뺏기는 일이 줄었다.

책만 있으면 될 것 같은 독서도, 실은 환경의 영향을 많이 받는다. 아무리 재미있는 책도 자세나 환경이 편치 않으면 덮게 되지 않던가. 탓해야 할 것은 불편한 환경이지, 의지의 박약함이 아니다.

아이가 잘 앉아 있지 못할 땐 의지가 아닌 의자를 살핀다. 우리 거실에는 반듯한 의자 대신 풍덩한 빈백 소파 두 개가 있다. 아이가 몇 번이나 앉아 보고 고른 것으로, 아이가 한 자리에서 책을 쭉 읽게 만든 고마운 제품이다.

아이는 빈백에 앉아 많은 시간을 보낸다. 책을 읽고, 비행기를 접고, 문제를 푼다. 가족, 친구들과 둘러앉아 역할 놀이도 하고 간식도 먹는다. 보드게임을 하거나 대화를 나누고 토론을 펼치기도 한다. TV가 없고 소파가 편해서 가능한, 거실 육아의 백미다.

아이는 이것저것 꺼내 보고 종횡무진 놀다 갑자기 푹 앉아 책을 편다. 그 과정이 매끄럽게 이뤄지기에 거실만 한 곳이 없었다. 마치 놀이와 일상, 학습과 독서가 같은 선상 위에 놓여 있는 것 같다.

일본의 입시 전문가 오가와 다이스케는 거실 육아를 권한다.

그 자신 또한 어린 시절 가족과 거실에 모여 이야기를 나누곤 했는데, 즐거운 추억으로 남아 있다고 한다. 아울러 도쿄대 졸업생의 절반이 어린 시절 거실에서 공부했으며, 거실에서 공부하던 아이가 공부방을 만들어 따로 공부한 후 70퍼센트의 확률로 성적이 떨어졌다는 게 그의 설명이다.

메이지대 교수 모로토미 요시히코도 저서 『남자아이 키울 때 꼭 알아야 할 것들(나무생각)』에서 아이의 공부 습관을 잘 들이기 위해서는 거실에서 부모가 함께 공부하는 것이 좋다고 한다. 처음 단 몇 분이라도 말이다.

물론 혼자만의 장소에서 조용히 책을 보거나 상상을 즐기는 아이까지 거실로 끌고 나올 필요는 없을 것이다. 이것 역시 아이 성향에 맞춰 조절되어야 하는 부분이다.

우리 거실은 아이가 뛰어노는 활기찬 공간임과 동시에, 책과 음악이 녹아든 편안한 곳이 되었다. 동적인 성향과 정적인 성향을 두루 품기에 모자람이 없으니 모두가 즐겁다.

육아는 어쩔 수 없다지만 환경은 어찌해 볼 수 있음을 다행으로 여긴다.

책 은 분 위 기 다

    그런 서점에 들른 적이 있다. 보이는 건 온통 책뿐인데 신기할 정도로 기분이 좋아지는 공간. 오후의 빛과 섬세한 향이 흐르는 그곳에 서 있었을 뿐인데 그대로 주저앉아 책이 읽고 싶어졌다. 책 읽기란 이토록 분위기에 약한 것이로구나. 슬쩍 웃는데, 아이 얼굴이 떠올랐다. '아이 일상에도 책 읽기 좋은 기분과 분위기를 입혀주면 어떨까?' 필연처럼 그런 생각이 들었다.

    그날 이후 아이가 책을 읽을 때면 조용히 일어나 주위를 살핀다. 살금살금 커튼을 쳐주거나 창문을 열어 바람을 들인다. 쌀쌀한 날에는 부드러운 담요를 둘러주고 더운 날에는 살살 부채질을 해주기도 한다. 아이가 책을 읽을 때면 물이 끓는다거나 언성을 높이는 등 일촉즉발의 상황을 만들지 않기 위해 마음을 쓴다.

    단출한 실내는 따뜻한 햇살과 잔잔한 음악, 아로마 오일 향으로 메운다. 내 개인위생에도 신경을 쓴다. 종일 붙어 있는 엄마에게서 좋은 향이 나길 바라서다.

주로 아이를 안고 책을 읽어줬기에 촉감이 좋은 옷을 입는다. 목소리도 나직하게 가다듬어본다. 조금 어설퍼도 쾌적하고 다정한 분위기를 연출해주고 싶은 까닭이다.

아이의 기분이 좋지 않거나 피곤한 날, 아픈 날은 굳이 책을 권하지 않는다. 그런 날은 무얼 하든 기분이 더 안 좋아질 수도 있는데, 아이가 '책 때문에 기분이 더 안 좋아졌다' 느끼게 하고 싶지는 않았으니까.

반대로 나들이 가는 날이나 기분이 좋은 날은 그와 연관되는 내용의 책을 읽어주어, 명랑한 기분과 책이 자연스레 연결되게 하였다. 책을 읽는 아이가 지루해 보이면 시원한 주스나 맛있는 간식을 건네기도 했다.

아이를 안고 책을 읽어주거나 손, 발, 배 등을 부드럽게 어루만져주어 오감을 자극하여 '책=좋은 기분'이 될 수 있도록 도왔다. 즐거운 감정과 연결된 행동은 무의식에 '좋은 것', '또 하고 싶은 것'으로 새겨지기 때문이다.

하여, 책에 관해서는 어떠한 잔소리나 부정적인 말도 내지 않는다. 아이에겐 책 정리를 시킨 적도 없다. 읽고 난 책을 매번 제자리에 꽂아야만 한다면 책을 빼 드는 일조차 부담이 될 테니 말이다.

집 안을 분방하게 표류하는 책들을 쓱 집어 읽는 건 이제 우리의 자연스런 풍경이 되었다. 아이는 그렇게 책과 친해졌다. 기분이 좋은 날은 물론 피곤하거나 불쾌한 날에도 어김없이 책을 잡는다. 튼튼한 다리 하나가 세워지듯, 아이 안에 '책=기분 좋은 것'이란 촘촘한 회로가 놓이는 중인지도 모르겠다.

'책을 읽는다'는 말의 빈틈에선 적지 않은 것이 올라온다. 그날의 냄새, 장면, 맛, 소리, 촉감이 알알이 들어 있다. 바로 이것, 어린 시절의 여유로운 독서 체험, 책 읽던 날의 분위기와 이미지의 중요성을 잘 아는 애서가가 있었다. 프루스트다. 그의 말을 들어보자.

어린 시절의 날들 가운데 아마 우리가 가장 좋아하는 책과 더불어 보낸 날들, 살지 않고 흘려보냈다고 생각했던 그런 날만큼 충만하게 산 날들이 없을 것이다. …… 그 독서들이 우리 안에 남기는 것은 무엇보다 우리가 독서를 한 장소와 날의 이미지다.

아이가 책을 읽을 때면 조용히 일어나 주위를 살핀다.

책 읽던 날의 분위기와 이미지가

좋은 기억으로 남기를 바라며.

책의 물성 바꿔 보기

"책을 밟거나 넘어 다니지 마라."

"밥상에선 책 보지 마라."

내가 받아온 교육이다. 어디 우리 집뿐이랴. 오래전부터 우리에게 책은 그런 존재로 각인되어 있었다. 엄격하고 고귀한 것.

그런데 활동적인 아이를 키워 보니 그게 아니다. 아이는 책을 몸으로 가지고 놀았다. 애꿎은 책을 끝도 없이 뽑아내 바닥에 널브러뜨렸다. 책을 밟고 뭉개는 건 예삿일이다. 불편하지도 않은지 깔고 자기도 한다. 책을 책답게 보는 날이 오기는 할까?

그런데 그 모습이 싫지가 않았다. 자주 '몸에 닿는 것'에는 친밀감을 느끼게 마련이니까. 이왕 이렇게 된 거, '그래, 씹고 뜯고 맛보고 즐겨라! 깔고 덮고 베고 자라!'라는 마음이 되어서는 헝겊 책이나 튜브 책 등 다양한 질감의 책을 건네주기 시작했다.

커다란 책들을 빨래집게로 집어 집을 만들어주기도 했다. 고슴도치 굴도 그보단 나을 것이었다. 그러나 그 속에서 아이는 양껏 행복했다.

책을 세워놓고 맞추는 볼링을 하고, 가벼운 책을 라켓, 풍선을 공 삼아 배드민턴을 쳤으며 바닥에 테이프로 원을 표시하고 얇은 책을 밀어 컬링도 했다. 자연관찰책으로 징검다리를 만들어 '포유류만 밟기', '양서류만 밟기' 등의 룰을 정해 건너기도 하고, 책으로 기찻길을 만들어 그 위에 차를 굴리며 놀기도 했다.

단단한 책들을 탑이나 컨베이어 벨트로 거듭나게 한 것도 아이였다. 그렇게 책의 물성이 달라지는 것을 목도하는 매일이었다.

아이 책에는 낙서와 얼룩도 한가득이다.

두레박은 부력 때문에 둥둥 뜰 텐데 어떻게 우물을 긷지?
두레박이 무거운 돌로 만들어졌거나 추가 달려 있어야 하겠다.
- 2015. 02. 27 윤하

우물에 관한 책을 보던 아이가 한 말이다. 책마다 이런 메모들이 소상히 적혀 있다. 좀 더 확인이 필요하거나 중요한 부분엔 밑줄을 치거나 접어놨다. 관련 사진이나 스티커, 포스트잇을 붙여놓기도 했다. 책을 보면서 해보고 싶다고 한 실험, 가보고 싶다고 한 곳에도 날짜와 함께 그 이유를 적어놓았다.

언젠가 책에 나온 친환경 마크를 아이가 아빠 책상에서 봤다며 찾아온 적이 있다. 나는 이것을 책의 해당 페이지에 붙여주었다. 책을 읽으며 나오는 아이의 말들(느낌, 기억, 가설, 옥의 티, 발명 아이디어 등)을 그때그때 적어두었다. 예사로운 농담이나 엉뚱한 말도 남김없이 적었다.

'책에 낙서하지 마라'는 금과옥조를 깨고 부단히 기록한 이유는 무언가를 적거나 붙이는 행위만으로도 기억에 남는 효과가 있다는 생각에서였다. 우리가 남긴 흔적들은 책을 펼칠 때마다 타임머신 역할을 하며 우리를 그때로 인도한다.

아이는 오랜만에 펼친 책에서 발견된 메모를 통해 잊었던 질문을 복기하기도 하고 뭉뚝했던 가설을 구체화하기도 한다. 스스로 내뱉었던 엉뚱한 말에 깔깔 웃기도 한다. 불과 몇 달 사이에 성장한 자신을 느끼며 득의양양이다.

어느 책을 펼쳐도 그런 무언가가 튀어나오니 여러 번 반복해도 새롭고 재미있을 수밖에.

더 이상 책을 '책'으로 규정하지 않기로 했다. 책의 소용이 이토록 무궁무진함을 아이를 통해 배웠기 때문이다. 오늘 내 곁에 가장 새로운 사람, 아이와 함께 사물을 새로이 고안하는 일은 언제나 즐겁다.

읽기 독립에 앞서

아이가 입학을 했지만 달라진 건 없다. 늘 하던 대로, 엇비슷한 풍경을 지난다. 오전내 이리저리 동동대다 오후면 아이에게 책을 읽어주기 위해 품을 여는 하루다. 아이는 여섯 살부터 줄글을 무리 없이 읽어내며 '혼책'을 즐기지만 역시 엄마가 읽어주는 게 더 좋단다. '네가 몇 살인데!'라는 말이 치밀 때면 무심히 달려가는 시간을 떠올리며 마음을 다잡았다. 이런 날이 얼마나 남았을까? 그러므로, 여전히 에너지의 지출을 아껴 책을 읽어주는 나날이다.

읽기 독립이 잘 안 된다는 호소를 종종 듣는다. 특히 아이의 초등 입학, 엄마의 출산이나 복직을 앞둔 시점에서는 더욱 갈급이 난다고. 나 역시 아이가 책도 보고 꽃도 보며 혼자 놀아 줄 날을 고대했다. 스스로 놀고 배우니 얼마나 좋아. 하지만 혼자 읽으라는 말은 하지 못했다. 갑작스런 요구에 아이가 당황할까 봐.

어쩌다 아이가 소리 내어 책을 읽어도 듣기만 했다. 틀리거나 빼먹어도 지적하지 않았다. '웅'을 '옹'으로 읽으면 나지막이 '옹이구나' 했다. 아이가 '아니야! 옹이야!' 하면 수긍했다. 교정해줘야 하나 말아야 하나, 망설이다 그만두기 일쑤였다. 아이가 민망할까 봐.

나처럼 마음 씀이 세밀한 사람이라면 뭐든 조금 일찍 시작하길 권하고 싶다. 조급할수록 머릿속이 하얘진다면 더욱 그렇다. 육아하는 내게는 그 어떤 비책보다도 심적으로 쫓기지 않을 여유가 더 귀하게 느껴졌다. 외출할 때 그렇듯 학습이나 생활 습관 면에서도 조금 일찍 움직여 여유를 갖는 편이 나았다.

아이가 눈을 맞추던 날부터 달력이나 사물, 책 표지를 손가락으로 짚어가며 숫자와 글씨를 읽어줬다. 아이가 어리니 어떤 기대도 욕심도 없었다. 심심풀이로 매일 하나씩 눈에 대주며, '우리 집에는 이런 게 있다'고 소개하는 식이었다.

아이는 다섯 살에 두 발 자전거를 타기 시작했다. 이른가 싶었지만, 너무 졸라서 태워 보니 역시나 비틀거린다. 하지만 독촉하지 않고 바라보니 스스로 애쓴 끝에 중심을 잡아갔다. 그 모습에 가족 모두 얼마나 감격하고 기뻐했는지 모른다.

아이가 어릴 땐 뭘 어찌하든 그렇게 대견하고 신통할 따름이다. 그러나 어떤 일이건 'Must'가 되고 기한이 생기면 마음이 요동한다.

읽기 독립에 앞서 가장 넉넉하게 준비한 것은 다름 아닌 생활 독립이었다. 아이에겐 책 읽기도 생활의 일부다. 다른 건 엄마가 다 해주면서 책은 혼자서 읽으라 하면, 아이는 아연할 테다. 그런 면에서 우리 아이는 운이 좋은 편이었다. 꼬꼬마 시절부터 많은 걸 혼자 해봤으니.

물바다가 되던 쌀 바다가 되던 부엌일을 했고, 30분이 걸려도 혼자 옷을 입었다. 알밤만 한 게 고집은 어찌나 센지, 양말을 짝짝이로 신는 건 예사이고, 제대로 쥐어지지도 않는 어른 젓가락으로 밥을 먹기도 했다. 가방을 들고 다니며 돌멩이, 병뚜껑, 부품 따위를 끝도 없이 주워 날랐다. 내가 말리거나 손을 보태면 어휴, 야단이 났다.

이것도 총량의 법칙이 있는 건지, 무슨 마일리지 같은 게 쌓이는 건지, 하나씩 실험을 해보는 것도 같았다. 아이는 한 챕터의 고집불통 시기가 끝나면 미련 없이 다음 단계로 나아가곤 했다. 마치 춤추듯, 홀가분한 모습으로.

이 시기 내 속은 '참을 인(忍)' 대잔치였다. 배려 깊고 자애로운 사람이라서는 아니다. 기어이 제가 하겠다며 뒤집어지는 아이를 보면 어쩌지를 못한 채 그 자리에 얼어붙어 '해라, 해.' 심정이 되어버리는 것에 가까웠을 것이다.

그러나 소심한 리더 곁에서 능동적인 팀원이 난다. 아이도 그랬다. 말리지 못하는 소심한 엄마 곁에서 옹골차게 여물어졌다.

학교 갈 준비도, 씻고, 정리하고, 밥 먹기도 혼자서 척척이다. 나는 이렇게 아이 혼자 뭔가를 해내며 쌓인 경험과 자신감이 아이의 읽기 독립까지 꿰어왔다고 믿는다.

그만큼 자연스러웠다. 집안일할 때마다 달라붙어 있던 아이가 언젠가부터 조용하다. 돌아보니 책을 읽고 있다. 내가 화장실에 들어가면 문을 부여잡고 울던 아이가 어딨나 보니 책을 읽고 있다.

잔소리나 보상은 없었다. 그러나 촉매제는 있었다. 앞서 말했듯 카탈로그다. 좋아하는 카탈로그를 '혼자서' 읽어낸 경험이 두둑하니, 줄글에도 주눅 들지 않는다.

아이 스스로 유의미한 행동을 하기까지는 무수한 경험과 시간, 관심이 필요하다. 읽기 독립도 그렇다. 목표만을 바라보며 급히 갈수록 아득해진다.

읽기 독립에 앞서 작은 것부터 하나씩, 차근차근 혼자 할 수 있는 힘을 길러주면 어떨까. 아이가 혼자 읽고 싶어 할 만한 책을 찾아 읽어주는 그런 보통의 날들을 보내다 보면, 어느새 그날에 당도할 테니.

그러나 쾌재를 부르긴 이르다. 아이의 혼책 시간이 길어질수록 내 시간은 늘어날 테지만…… 하지만, 아직은, 어쩌면, 하고 마음이 맴을 돈다.

대개는 책 읽는 단정한 옆얼굴을 바라보다 조용히 퇴장한다.

괜한 쓸쓸함, 그러나 덕분에 책 읽어달라는 부탁을 어느 때보다 기쁘게 받아들이게 되었다. 글씨 읽을 줄 아는 아이가 책을 들고 오는 건 책을 읽고 싶다기보다 '엄마와 책 읽는 활동'이 하고 싶은 것이다. 다른 게 아닌 따뜻한 엄마 목소리, 포근한 엄마 체온, 동시에 터지는 웃음, 엄마와의 교감……이 고프다는 뜻이다.

그러니 완전히 손을 놓지는 않는다. 아이와 함께 책을 읽으며 아이의 관심사를 좇고, 아이와의 이야깃거리도 책에서 찾아본다. 아이의 폭풍 같은 몰입과 확장을 도왔던 건 그런 자디잔 움직임이었을 테다.

정작 읽기 독립에 속도가 붙지 않는 건 나다. 따로 책을 읽다가도 아이가 그리워 시선과 마음이 아이를 향한다. 아이와 책으로 마음을 나누는 시간이 닳아감이 그렇게 아쉽다. 아이와 책을 읽으며 참 행복했다. 날카로운 보상이나 성과가 없어도, 책을 읽는 그 완만한 행위 자체로 충만함을 느꼈다.

핀란드에서는 중학생 아이에게도 책을 읽어주는 일이 흔하다고 한다. 감탄했다. 나 역시 아직은 아이와 내가 책을 통해 얻은 그 행복을 뺏고 싶지도, 잃고 싶지도 않다. 완벽한 읽기 독립은 없는 걸로 하면 어떨까. 십 대 소년이 된 아이가 책을 읽어달라고 하면, 청년이 된 아이가 책을 들고 찾아와 "엄마, 이 책 같이 봐요." 한다면, 전심으로 기쁠 테다.

기 분 이 핑 계 가 되 지 않 도 록

　어떤 기분에 골똘히 집중하는 경향이 있기에 시종일관 가볍고 명랑한 '육아 기분'을 유지하기가 힘들다. 이 기분의 출처는 어디인지, 전에도 이런 기분이 든 적 있는지, 자기 속을 참 유심히도 들여다본다. 맑은 날도 내 기분이 나쁘면 흐리게 느껴지고, 흐린 날도 내 기분이 좋으면 맑아진다.

　이처럼 외부 자극보다 통제가 힘든 '내부 자극'인 기분은, 꾸준한 책 읽기에 제동을 거는 제1요소였다. 건강, 일정, 그 어떤 이유보다 '기분'을 핑계로 책을 제대로 읽어주지 못한 날이 많았다. 그야말로 작심삼일. 며칠 잘 읽어주다가도 어느 날은 또 못 하겠고.

　이유는 밤하늘의 별 만큼이나 많았다. 남편이 늦는대서, 아이가 집을 어질러서, 슬픈 영화를 봐서, 뉴스에 나온 사건 때문에, 힘들고 지쳐서, 추워서 더워서⋯⋯.

그때마다 아이 책은 내려놓기 가장 만만한 존재였고 기분은 가장 그럴싸한 핑곗거리였다. 먹이고 씻기고 재우는 일은 기분 아닌 의무감의 몫이었다. 기계처럼 몸을 움직이는 건 우울해도 할 만했다. 그러나 그런 날, 책은 부담이었다. 안 기쁜데 기쁜 척, 안 웃긴 데 웃는 척하는 희극 배우의 비애 같은 것이 느껴졌다.

지친 날이면 오만상 다 써가며 퉁명스레 책을 읽어줬다. 아이는 자꾸만 고개를 들어 내 표정을 살폈다. "엄마, 화났어?" 작은 목소리로 묻는다. "왜!! 화 안 났어!!"

미혼 시절엔 나에게도 여유가 있었다. 마음껏 우울해도 되었고 차근히 빠져 나올 수도 있었다. 엄마가 되니 내 기분 하나 어찌지 못한다. 그조차도 사치고 일탈이며 그럴수록 아이는 짜증을 냈고 책 읽는 일상과도 멀어졌다.

아이는 '기분 앓이'를 하는 나를 기다려주지 않았다. 나 또한 머물 수 없다면, 건너야 하지 않을까? 이미 멀어진 아이와 보폭을 맞추려면 기분에 빠져드는 대신 기분에 선포해야 했다. "그만! 나는 책을 읽어줘야 해."

못 견디게 우울한 날이면, 그럼에도 불구하고, 산뜻한 내용의 아이 책을 골랐다. 『페파피그(peppa Pig)』나 『찰리와 롤라(Charlie and Lola)』 시리즈처럼 유쾌한 책을 읽어주다 보면 거짓말처럼 기분이 나아졌다. 아이와 한바탕 웃고 나면 나를 둘러싼 기분의 구름은 어느새 작아져 있었다.

회피하려는 건 아니다. 다만 '육아기'라는 상황의 특수성을 직시하고 자연스럽게 그 기분에 할당된 파이를 줄인 것이다. 어느한 곳에 신경을 집중하면 다른 쪽에 쓰이는 신경은 그만큼 줄어들게 마련이니.

울적한 날에도 책 읽어주기를 멈추지 말기를, 외려 더 적극적으로 읽어주길 권하고 싶다. 숨을 고르고 책 속 문장에 집중해보자. 그리고 귀 기울여보는 것이다. 그런 날 듣는 내 목소리가 얼마나 큰 위안이 되는지. 낭독에는 진정 효과와 뇌 활성화 효과가 있어서 책을 읽다 보면 금세 기분이 나아지곤 했다.

일단 책을 집어 들어 읽어주는 행동이야말로 습관으로 가는 지름길이었다. 자꾸 읽어주다 보니 기분의 색깔이나 습도와 관계없이 대화를 나누거나 책을 읽어주는 일도 차츰 수월해졌다.

어깨를 펴거나 허리만 세워도 테스토스테론이 분비되어 기분이 편안해지고 당당해진다던데, 의식적으로 기지개를 켜고 바르게 앉아 보는 것도 좋겠다. 책 읽는 아이의 자세만큼 읽어주는 엄마의 자세도 중요하다. 아이의 편안함만큼 엄마의 편안함도 소중하다. 그러므로 '책 읽어주는 나'에게 좋은 것에 아낌없이 투자하길 바란다.

나는 내게 맞는 안경과 실내복, 쿠션을 찾는 데 오랜 시간과 적지 않은 돈을 들였다. 후회는 없다. 덕분에 책 읽어주는 일이 한결 즐거워졌으니.

책육아가 지속 가능한 프로젝트가 되려면 내 기분이 책 읽기를 좌지우지하게 두면 안 된다. 좋든 나쁘든, 날뛰는 감정은 에너지 소모를 재촉하니 빠르게 나를 다독일 방도를 알아둬야 한다.

시종일관 웃는 낯이 되는 게 얼마나 힘든지 누구보다 잘 안다. 그러나 기분에 휘둘리는 시간이 짧을수록 좋다는 것도 뼈저리게 잘 안다. 아이는 화난 엄마는 이해해도 무기력한 엄마는 이해하지 못한다.

너무 힘들 때는 잠시 후를 기약하자. 아이에게 조금 힘들다고 솔직히 말하고 차 한잔 마시거나 좋은 음악을 들은 후에, 밝고 따뜻한 모습으로 돌아가면 그만이다. 오늘 못 읽어준 건 내일 읽어주면 된다. 그런 유연함이 가정식 책육아의 장점이니까. 그래도 힘들다면 적극적으로 주위에 도움을 구했다. 혼자만의 시간을 만들어야 하는 때가 온 것이다.

아이 기분에 가장 큰 영향을 미치는 건 양육자의 기분이라고 한다. 안다. 참 부담스러운 소리라는 것을. 하지만 팩트인 바, 별 수도 없다.

노력하는 수밖에.
기분이 핑계가 되지 않도록,
기분이 태도가 되지 않도록,
기분이 내가 되지 않도록.

책 의 바 다 와 휴 식 기

아이는 새로운 환경에 놓이거나 새 관심사가 생기면 책과 멀어 졌다. 피곤하거나 흥분한 날도 그랬다. 날씨가 좋거나 안 좋은 날 에도 그랬고, 별 이유 없이 책을 덜 읽는 날도 있었다. 호기심 많 은 아이에겐 책 말고도 궁금하고 재미있는 게 너무 많았다.

그런 아이를 볼 때마다 조급해졌고, 수시로 낙심했다. 그럼에 도 '아이 마음에 거부감을 쌓느니 안 읽히는 게 낫다'는 생각만은 꾸준했다.

아이의 네 살, 벼락처럼 '책의 바다' 시기가 찾아왔다. 가뭄이 지나니 이번엔 홍수다. 설마 이토록 빈약한 우리에게도 그날이 올까 하며 어떤 준비도 해두지 못한 상황이었다. 그러나 '힘들다 고 이 시기를 어물쩍 넘기면 반드시 후회한다'는 선배 엄마들의 조언을 자주 봐온 터. '이 또한 지나가리라'라는 문구를 붙잡고 그저 버텼다.

　과연 바다 시기는 대단했다. 아이는 낮이면 신나게 뛰어놀고 밤이면 또 다른 기운으로 가득 차 책을 찾았다. 새벽 열두 시가 넘도록 책을 읽어주는 날들이 이어졌다. 다행히 올빼미형 인간인 나는 밤늦게 책을 읽는 게 익숙했다. 그러나 일찍 자고 일찍 일어나는 새 나라의 남편은 이를 이해하지 못했다. 어서 자라는 아빠의 엄포에도 아이는 아랑곳하지 않았고, 재울라고만 들면 무섭게 땡깡을 부렸다. 단순히 자기 싫어서는 아니었다. 조용한 밤, 엄마와 책을 보며 노는 즐거움이 무거운 눈꺼풀을 밀어낼 만큼 컸던 것이다. 책과 잡담이 뒤섞인 그런 밤을 아이는 '책밤'이라 불렀다.

　에너지를 몽땅 소진해야만 잠드는 아이를 재울 수 있는 방도가 내겐 없었다. 읽으란 만큼 읽는 수밖에! 그렇게 매일 잠과의 사투를 벌이다 지쳐 쓰러지면 그게 잠이었다. 악 소리 나게 힘들었다. 아니, 악 소리조차 안 나왔다. 목소리가 안 나와 병원에 가면 목을 많이 쓰는 직업이냐는 말을 들었다. "당분간 말하지 마세요." 그게 최선의 처방이었다.

　그때 내가 어떻게 버텼을까. 아마도 겨울잠 자는 곰 같았을 거다. 곰은 겨울잠을 자러 들어간 굴속에서 새끼를 낳는다. 겨우내 가만히 웅크린 채, 모든 감각과 에너지를 새끼에게 집중한다. 그리고 마침내, 보송하게 자란 새끼와 새봄을 맞는다. 바다 시기의 나는 겨울잠 자는 곰처럼 온 에너지를 아이와 책에 집중했다. 신기하게도 이 시기를 지날 때마다 아이는 훌쩍 자랐다. 지식의 질과 양, 공감력과 어휘력이 껑충 뛰었다. 눈빛이 깊어지고 마음이 여물었다. 숲을 누비는 봄날의 아기곰처럼, 왕성한 호기심으로 일상을 신나게 노닐었다.

책밤은 천일이 넘게 이어졌다. 아라비안 나이트 속 왕이 세헤라자데로부터 이야기를 들은 밤이 천일이다. 천 번의 밤. 왕에게 이야기를 들려준 세헤라자데는 왕비가 되었는데, 아이에게 책을 읽어준 나는 무엇도 되지 못했다.

그러나 잃은 것도 없다. 도리어 아이와 웃고 울며 오순도순 책 읽는 수많은 밤을 얻었으니 부자가 되었다. 잠을 떨치려 애쓰던 귀여운 모습, "엄마, 밤이 아직 젊어요. 책 더 읽어주세요." 속삭이던 새벽 감성, 나만 아는 아이의 모습이다.

하지만 이때 마구잡이로 책을 사주거나, 수준을 확 높이지 않았다. 익숙하고 고만고만한 책들만 고집했다. 이 시기에 다양한 책을 넣어주고도 싶었지만, 한편으로는 이때야말로 기본을 다지기 좋은 시기라는 생각이 들었다. 변화나 급진보다는 안정을 추구하는 내향성 브레이크가 작동한 탓이다.

반복을 통한 느리고 깊은 확장은 내가 아는 최고의 도락이다. 테이프는 늘어나도록 듣고, 책은 해지도록 본다. 아이도 그랬다. 무언가가 충족되기 전까지는 꿈쩍도 하지 않는다. 그걸 알기에 아이가 좋아하는 책은 원하는 만큼 보여줬다. 같은 내용, 같은 주제일지라도 조금이라도 다르면 구해줬다. 그러나 많이 본 책, 비슷한 책을 읽을 땐 지루해지지 않도록 내용 전달보다 인물 연기에 공을 들였다.

더는 못 버티겠다 싶으면 한 시절의 끝이었다. 이제 와 드는 생각은 휴식기도, 바다도 언젠가는 끝나고, 끝날 때쯤 아쉽더라는 것이다. 그러니 휴식기에도 당황하지 말기를. 삶에 책이 스며 있는 아이는 책을 덜 보는 시기에도 책 근처에서 멀어지지 않는다. 이때는 엄마도 쉬면서 아이가 좋아할 만한 책을 준비하며 기다리는 기간이다. 다만 끈을 놓을 수는 없으니 틈을 노려 쉬운 책을 조금씩 읽어주는 재치가 조금 필요하겠다.

아이 고유의 채움과 비움, 그 순환을 믿고 따르니 길이 보였다. 한 시절을 보내고 맞이하는 일에도 조금은 익숙해졌다. 그러나 여전히, 어느 한 시절이 예쁘고 귀했음은 그 시절이 지나고서야 보이곤 한다.

잘 자렴, 우리 아가.

오늘도 너와 함께 본 세상이 참 좋았단다.

아무튼, 하지 않으면 안 되는 일

얼마 전 한 육아 잡지와 인터뷰를 했다. 기자는 "아이가 책을 좋아하는데, 어머님만의 책육아 비법이 뭘까요?"라고 물어왔다. 쑥스럽지만 내게도 그런 게 있다면, 첫째도, 둘째도, 셋째도, '꾸준히 읽어준' 것이 아닐까. 반응이 없다고, 늘지 않는다고 그만두지 않고 묵묵히 읽어준 것이라 답했다.

초기엔 책육아 고수들의 혁혁한 공에 기함했다. 밥 먹듯 성대결절이 오고, 아이들에게 번갈아가며 책을 읽어주는 그 수고를 짊어질 자신이 없었다. 하지만 비법은 정말 그뿐임을 이제야 조금 알겠다. 우직하게 읽어주는 것.

그러나 상황과 기질에 따른 정도의 차이는 필요했다. 더 많이, 더 빨리 가지 못해도 바른 방향으로 꾸준히 나아가기만 하면 되지 않을까? 마음을 단단히 여미고 헤매지 않을 만큼의 정보만 가진 채 아이 눈빛을 살폈다.

그리고는 그저, 읽어줬다. 읽어달라는 아이가 신기해서, 내 옆에 닿는 온기가 좋아서 목이 쉬는 줄도 몰랐다. 어쩌면 해줄 수 있는 게 그뿐이어서. 그런데 돌아보니 그게 전부였다.

나의 경우 매일 책 읽어주기를 대원칙으로 '아침에 1권, 오후에 2권, 자기 전에 3권'이 매일의 목표였다. 상황에 따라 가감은 있어도 충동적으로 '오늘은 책 읽지 말자'거나 '오늘은 책만 파보자' 하는 날은 없었다. 빽빽한 독서 계획에 압도되는 대신 내일 아침 읽어줄 책 한 권을 챙겨두고 개운하게 잠들었다.

책육아하며 내 에너지가 적다는 사실을 뼈저리게 실감했다. 쉴 틈 없이 타인의 마음을 읽으며 배려하고 읽어주고 놀아주는 시스템에 에너지 부족은 분명한 한계였다. 하지만 매일 책 읽어주기를 수행하며 이 또한 내 기질임을 받아들였고, 그럼에도 결심한 일을 해내고 있는 자신을 대견히 여길 줄도 알게 되었다.

그렇게 읽어주고 또 읽어줬다. 졸려 하면 재우고, 배고파 하면 간식 챙겨주듯 읽어달라면 읽어줬다. 예외를 지워 꾀가 날 틈을 봉했다. 여행을 가건, 차에서건, 친정에서건, 시댁에서건 읽어달라면 읽어줬다. 언젠가는 병원에 누워 수액을 맞으면서도 책을 읽어줬다.

가방에는 늘 그림책을 넣어 다녔다. 심심할 때 책 표지라도 보라는 마음으로 그랬다. 놀이터에서 뛰어놀다 지쳐 벤치에 앉을 때, 버스 정류장에서, 식당에서 음식을 기다릴 때 짬짬이 책을 읽어줬다. 유독 그럴 때 아이는 순순히 책을 찾았다.

어딜 가든 꿀단지처럼 책을 들고 다니자 어디서나 책 읽는 일이 자연스러워졌다.

요즘 나는 한의원에 다닌다. 치료에 30분 정도 걸린다는 엄마 말에 아이는 가방 가득 책을 챙겨 따라나선다. 누가 시킨 것도 아닌데 그리한다. 그리고 정말, 30분간 책을 보며 기다린다. 옆자리 또래가 스마트폰 게임을 해도 동요치 않는다. 누군가에겐 별일 아닐 이 모습이 나에겐 뭉클함으로 다가왔다. 고마웠다.

대학 시절, 새벽반 영어 수업에 다닌 적이 있다. 아침형 인간이 아닌 데다 학원이 멀어 무진 고생을 했더란다. 그럼에도 새벽이면 눈이 떠졌다. 수업이 시작되고 2주가 지나자 학생이 반으로 줄었다. 3주가 지나자 90퍼센트가 모습을 감췄다. 심지어 선생님이 빠진 날도 있었다. 마지막까지 올 출석을 한 학생은 나뿐이라 커피 쿠폰을 선물로 받았던 기억이 난다.

항상 마지막을 지키는 건 나였다. 함께하던 이들이 하나둘 무리를 빠져나가는 뒷모습을 보며 자문했다. 왜 또 나만 남는 건지. 내 마음은 어쩌자고 이렇게 한결 같은 건지. 혼자 남는 외로움과 섭섭함은 씁쓸한 것이었다. 때때로 그 맛이 싫어서 선수 치듯 일찍 자리를 뜨기도 했다. 하지만 이제는 안다. 그 꾸준함이야말로

내겐 매일 책 읽어주기가 그랬다.

아무튼 하지 않으면 안 되는 일.

내가 가진 재능이었음을.

무라카미 하루키는 매일 정해진 분량의 원고를 쓰고, 정해진 시간만큼 조깅한다. 담담하게, 무려 수십 년을 그렇게 살았다. 싫은 마음이 올라올 때면 그는 이렇게 되뇌인다고 한다. '이건 내 인생에서 아무튼 하지 않으면 안 되는 일이다!' 내겐 매일 책 읽어주기가 그랬다. 아무튼 하지 않으면 안 되는 일.

예체능, 영어, 사교육…… 아이가 자랄수록 신경 쓸 게 많아진다. 트렌드는 수시로 변한다. 하지만 나는 언제나 책이었다. 둘러보면 부러울 정도로 야무지고 행동력 좋은 엄마가 많았다. 하지만 하루도 거르지 않고 책을 읽어주는 엄마는 의외로 드물었다. 아이 서너 살까지 열심히 읽어주던 엄마들도 다섯 살 이후로는 책에 대한 신뢰와 마음이 식는 걸 심심찮게 봤다.

오늘도 밥을 짓는 꾸준함으로 책을 펼친다. 아이에게 매끼 밥상을 차려주듯 마음의 양식인 책도 그렇게 읽어줘야 한다는 생각이다. 부모의 꾸준함에 아이는 자란다.

수 다 쟁 이 는 못 되 어 서

책육아하며 아이에게 '기 뺏기는 느낌'을 자주 느꼈다. 부끄럽고 옹졸하지만 정말 그랬다. 아이에게 책을 읽어주고 나면 소금에 절인 배추 꼴이 되곤 했으니 말이다. '책 읽어주는 게 가장 편하다'는 말은 혹시 난센스 아닐까? 내가 겪은 책 읽어주기는 고강도 상호작용이었다. 아이 반응 살피며 치대다 보면 기가 숭덩숭덩 빠져나가는.

그것만으로도 지치는데 책을 읽으며 아이와 수다도 떨어야 한단다. 한 페이지를 읽어줘도 그림과 배경 읽기, 주석 설명, 단어 찾기, 연계 독서, 질문, 상황극, 독후 활동을 해주길 권유받았다. 그림책 한 권 읽는데 사전, 백과, 보드, 노트북, 수 권의 연계 도서가 필요하단다. 본문만 읽고 끝내는 건 이제 미련한 짓이 되어버렸다.

한편 궁금했다. 시끌벅적한 '소통'만이 소통일까. 책을 읽으며 끊임없이 '소통'하는 게 모두를 위한 방식일까? 느낌과 감상은 왜 꼭 표출되어야 하는 걸까?

나에게 독서는 그런 게 아니었다. 누군가가 머릿속에 그림을 그려주고, 질문을 던져주고, 답을 심어주는 건 내가 아는 독서가 아니다. 소화와 흡수는 내 몫이어야 한다. 배움을 새기고 감상을 정리하는 일은 개인 내부에서 일어난다. 창의력과 사고력도 안에서 충분히 무르익어야 발현된다. 나만의 느낌과 의문이 타인에 의해 규정되고 왜곡됨은 아쉬운 일이다.

하여, 나는 본문 '읽기'에 충실할 뿐, 사족을 달지 않았다. 본문이 메인 디쉬라면 설명은 사이드 디쉬처럼 여긴다. 취해도 그만, 치워도 그만인. 물론 아이가 어릴 땐 이해를 돕기 위한 곁 이야기가 종종 필요했다. 하지만 아이가 자랄수록 모든 걸 풀어주려 애쓰지 않았다. 지금껏 책으로 다져진 아이의 이해력과 상상력을 믿고, 그것을 활용하도록 도울 뿐.

물론 책의 수준에 따라 엄마의 적극적 개입이 필요한 부분도 있다. 하지만 자주 읽다 보면 아이 스스로 유추해내는 힘이 붙고 자연스럽게 알게 되는 것들도 생긴다. '문갑'이라는 단어가 그랬다. 이 단어를 처음 접한 아이에게 '옛날 가구'라고만 알려주고 넘어갔더란다. 한참 뒤 시골 증조할머니댁에 간 아이가 "엄마, 이거 문갑 맞죠?" 하던 날은 조금 감격했다. 나는 그런 조우를 꿈꾼다.

유아책에 나오는 어휘는 한정적이라 이 책에서 아리송했던 말을 저 책에서 알아낼 수도 있다. 때론 대화 속에서 추론해내기도 한다. 하여 나는 국어건 영어건 단어 뜻을 일일이 설명하는 대신, 목소리 톤이나 표정 등으로 느낌을 전하려 노력했다.

그렇게 섣불리 끼어들지 않고 아이 스스로 자신만의 감성과 논리 체계를 따르며 속도를 찾도록 돕는 것, 그것이 청자에 대한 배려이자 존중이라고 나는 생각한다.

읽는 도중은 물론 읽은 후에도 "뭘 느꼈어?", "뭘 배웠어?" 묻지 않는다. 쓰고 그리는 걸 달가워하지 않는 아이에게 그림을 그려보자거나 독후감을 써보자 한 적도 없다. 엄마가 준비하고 주도하는 독후 활동은 엄마의 독후 활동 아닐는지. 아이가 좋아한다면 모를까, 우리 아이는 그런 활동을 귀찮아했다. 게다가 대답 역시 늘 심플했다. "재밌었어" 혹은 "좋았어", 이 짧은 말 안에 무수한 빛깔의 감동과 뉘앙스, 이미지가 들어 있음은 한참의 시간을 건너온 후에야 안 사실이다.

그렇게 읽어주는 역할에 치중했더니 좋은 것이 조롱조롱 딸려왔다. 바로 그 귀하다는 아이의 질문이다. 엄마는 왜 이런 걸 안 해주냐며 책 뒤에 나온 문제를 물어봐달라고도 한다. 제 기분이 동하면 스스로 관련 실험도 하고 놀이도 해보자며 흥을 낸다. 독후 활동이 아이의 달콤한 디저트가 된 것이다. 하지만 대개는 본문까지만 읽고 가뿐히 책을 덮는다. 프랑스의 작가, 다니엘 페나크는 책 읽는 이의 권리를 이렇게 정리했다.

책을 읽지 않을 권리

건너뛰며 읽을 권리

끝까지 읽지 않을 권리

다시 읽을 권리

아무 책이나 읽을 권리

아무 데서나 읽을 권리

군데군데 골라 읽을 권리

마음대로 상상하며 빠져들 권리

읽고 나서 아무 말도 하지 않을 권리

무엇이든 그냥 둘 때 가장 자연스럽다. 아이가 씹어 삼킬 수 있는데 다 씹어 넣어주면 아이는 관심도 호기심도 없이 무기력해진다. 책 읽기의 본질에 공을 들이고 기타 주도권은 아이에게 넘겨둔다. 아이가 원할 때 이야기 나누고, 궁금해하는 것을 찾아보기만 해도 넘치도록 풍요했으니.

말하기보다 듣기를 좋아하고, 타인의 자율성을 침해하기 싫어하는 내 기질도 책육아를 통해 처음처럼 배운다. 각자의 기질이 다르듯 '책육아'를 겪는 방식과 형편 또한 천차만별일 것이다.

심심한 게 좋아

심심함과 여백을 사랑한다. 온순한 일상에 쌓이는 착실한 무게 감을 즐거워한다.

육아에 있어서도 그렇다. 신뢰와 안정을 기반으로 하는 마음의 평안을 우선으로 여긴다. 다정한 눈으로 자신과 세상을 바라보며 편안히 잘 놀고 잘 먹고 잘 자는 아이는 무엇이든 해낼 수 있다고 믿기 때문이다.

하여, 속도 아닌 여유를 권하는 엄마다. 하루에도 몇 번씩 아이의 '그냥 있을' 권리에 마음을 쓴다. 말을 걸려다가도, CD플레이어의 재생 버튼을 누르려다가도 망설인다. 아이가 나갈 생각이 없어 보이면 외출을 채근하지 않는다. 그러다 고개를 들어 주위를 둘러보면 다들 너무 바쁘다. 아이도 어른도. 매일매일, 볼 것도, 들을 것도, 갈 곳도, 할 일도 너무나 많다.

아이의 일과를 살펴보면 크게 놀이-책-휴식의 패턴이 반복된다. 아이는 통상 20분 놀고, 10분 책 보고, 5분 고요하다. 아이에 의한, 아이에 맞춤한 패턴이다. 그날그날 조금씩 달라지기는 해도 큰 틀에는 변함이 없다.

아이의 휴식은 원하는 만큼의 '공백'이다. 조용한 시간, 이때는 대화도 나누지 않고 책도 보지 않는다. 창밖을 바라보거나, 팽이나 부품 같은 작은 물건을 만지작댄다. 무연히 벽에다 공을 던지고 받기도 한다.

세 돌 무렵까지는 그런 모습이 안쓰러워 말을 걸거나 할 일을 정해주기도 했다. 그러나 나부터가 공백이 숨구멍인 사람 아닌가. 점차 그 시간을 인정하고 허용했다. 그렇게 생기는 잠깐의 틈은 나에게도 단비 같은 존재였다.

하교 후에는 씻고 간식을 먹인 후 한참을 그냥 둔다. 질문을 쏟아내지 않고 음악을 켜거나 숙제를 하라거나 뭘 들이밀지 않는다. 밖에서 홍수 같은 자극을 겪었을 테니 집에서는 조용히 충전하는 것이 우선이다.

아이 역시 이 조용한 시간을 좋아한다. 뒹굴뒹굴하며 긴장을 풀고 감각을 정화한 뒤 슬슬 다음 활동을 궁리한다. 심심해도 불안해하지 않고, 도리어 의연한 모습이다.

몇 해 전의 일이다. 피곤해서 아이에게 양해를 구하고 잠시 낮

잠이 들었다. 얼마가 지났는지, 아이가 들어오는 기척에 잠이 깼다. 주위는 한참 동안 조용했다. 그때 실눈으로 본 아이는 별 기색도 없이 앉아서 방문을 슬쩍슬쩍 밀어보고 있었다.

얼마 후 아이가 나를 불렀다. "엄마, 방문에도 지렛대의 원리가 숨어 있어요. 저 안쪽에서 밀면 조금 열리는데 손잡이 있는 데를 밀면 살짝 밀어도 활짝 열려. 토크(회전력)와 관계 있는 것 같아." 멍하니 문을 밀다 보면 그런 생각도 난다는 듯이.

최근 학자들이 강조하는 것이 바로 이 '비집중 모드'다. 비집중 모드란, 멍하니 있음으로 뇌를 충전하고, 정보를 정리·저장해 필요할 때 창의성을 발휘할 수 있도록 준비시키는 것을 말한다.

목욕탕에서 "유레카!"를 외친 사람이 아르키메데스뿐일까. 나 역시 샤워를 하거나 설거지를 하다가 글감이 번쩍 떠오를 때가 많다. 아이도 뻘짓하다, 혹은 자고 나서 안 풀리던 문제가 풀리고 떠오르지 않던 것이 기억난다고 한다. "아무것도 안 하다 보면 대단한 뭔가를 하게 돼." 천천히 흐르는 오후 시간 위로 곰돌이 푸의 덤덤한 대사가 떠올랐다.

영재발굴단을 찍으며 확신하게 된 것도 이 점이다. 나는 아이에게 읽은 책이나 해본 실험을 '확인'하거나 '정리'시킨 적이 없다. 활동적인 아이에게 정리란, 감히 들이댈 수조차 없는 영역 아닌가.

체계화나 구체화는 아이 스스로 움직여 할 탓이라 생각했다.

그저 읽어달란 만큼 읽어주고, 너른 시간과 틈을 허용했을 뿐인데 아이의 지식은 매우 체계적으로 정리되어 있었다. 우리 부부는 아이가 제작진, 박사님들과 소통하는 모습에 적이 놀랐다. 당당한 태도, 논리적이고 정확한 답변, 날카로운 질문. 대견했다. 시간의 틈과 틈 사이를 유영하며 책과 경험을 체계적으로 정리하고 저장한 것은 다름 아닌 아이 자신이었다.

아이의 지적 성장, 그 한 축에는 심심한 여백이 있었다. 아동 발달 이론가 프레드 파인은 '고요한 즐거움'과 '편안함 속의 내향적인 즐거움'이 아동의 건강한 발달에 중요하다고 강조한다.

육아의 무게 중심이 '집중'과 '활동'에 치우쳐 있다면, 추를 비집중 쪽으로 조금 옮겨보는 것이 어떨까. 채움 뒤에 와야 할 것은 또 다른 채움이 아닌 비움이다.

이 학원 저 학원으로 바쁘게 옮겨 다니는 아이도, 영상과 소리 자극에 지친 아이도 가끔은 심심한 시간을 가졌으면 하는 바람이다.

"넌 심심하지도 않니?"

참 많이 들어온 말이다. 심심하지 않다. 나 같은 사람은 지루할 새가 없다. 모든 순간이 따갑도록 다르고 눈부시도록 반짝이기 때문이다. 겉으론 잠잠해 보여도 속에서는 수많은 감정과 생각이 회오리친다.

그렇게 살아온 나의 무의식은 '심심해도 큰일 나지 않는다'는 걸 잘 알고 있었다. 아무것도 하지 않고 있는 아이를 향하는 나를 말린 것도 이 무의식이었다.

아이의 심심함을 구제하지 못했음이 다행이다. 그 덕에 아이는 느긋하게 생각하는 법과 책 읽는 습관을 깨우쳤고, 나는 지켜보는 여유와 인내를 손톱만큼 더 갖게 되었으니 말이다. 육아, 심심해도 괜찮다. 원래 심심한 게 인생이다.

평범한 일상에 녹아든 슴슴한 '가정식 책육아'가
우리에겐 가장 잘 맞았습니다.
냉장고 속 재료로 숭덩숭덩 만들어낸 집밥 같달까요.
당장은 심심한 것 같아도, 시간이 지날수록
물리지 않고 속이 편안했지요.

사 랑 은   나 의   힘

  책육아를 해보려다 좌절하는 날들이 이어졌다. 노력할수록 아이가 짜증을 내고 책을 멀리하는 건 왜일까. 참다 참다 평소 봐오던 책육아 블로그에 고민을 토로했다. 댓글 창에 작금의 현실을 구구절절 적었다. 답이 달렸다.

  '아이와 어떻게 지내세요? 책이 아닌 아이를 봐주세요. 관계 회복이 먼저예요'.

  밍숭함에 맥이 풀렸다. 아이와는 별 트러블 없이 잘 지내고 있다고 답했다. 대박 전집이나 추천해주시지…… 하는 내 속도 모르고, 블로그 주인은 '책보다 애착이 먼저이니 아이 원하는 대로, 원하는 만큼 놀아주라'는 덧을 남겼다.

  그러고 보니 내 안에 욕심이 뭉게뭉게 자라는 게 느껴졌다. 책 검색에 밤을 새고 이 블로그 저 커뮤니티를 문지방 닳도록 들락

댔다. 해바라기처럼 책을 향해 목을 빼는 엄마를, 얼굴도 모르는 어느 아이와 자신을 비교하며 한숨 쉬는 그 속내를 아이가 모를 리 없었다.

아이는 엄마와 살을 부비고 사랑을 받아야 충만함을 느낀다. 사랑과 관심을 받고 싶은 그 일차적인 욕구가 충족되지 않으면 본능적으로 그것을 채우는 데 많은 에너지를 쓴다. 그러다 보면 컨디션이 나빠지고 심통이 나며, 집중을 못 하는 게 당연한 수순이다. 과연 선배 맘의 내공은 달랐다. 기본 욕구가 충족되지 않은 아이에게 의젓하고 편안한 모습을 기대했던 내가 부끄러워졌다.

아이의 눈빛은 항상 나를 좇았다. 내가 다른 일에 집중하면 아이는 산만하기 그지없었다. 전화만 붙잡아도 괜한 행동을 하며 관심을 끌려고 했다. 그러므로 아이가 짜증을 내고 산만할 때 아이와의 관계를 살펴보라는 조언은 유효했다. 언제나 솔직한 쪽은 아이다. 아이는 문제가 아니라 문제에 대한 답이었다.

그깟 책이 다 뭐라고.

내가 채워줘야 할 아이의 항아리가 너무 커서 늘 허덕였다. 에너지와 감정의 잔고는 바닥인데 들일 곳은 한두 군데가 아니다. 텅, 하며 순간 방전되는 배터리를 책망하며 집어던지기 일쑤였다. 하지만 내 평생 언제 또 이 많은 사랑을 줄 수 있을까?

계산하지 않는 사랑을 주고받을 수 있어 감사했다. 끙, 소리를 내며 나동그라진 배터리를 집어 들었다. 방전 직전이었으나 꺼지진 않았으니 못 할 것도 없었다.

아이와 종일 뒹굴고 발등에 샌들 자국이 나도록 나가 놀았다. 아이가 걷든 뛰든 맞든 틀리든, 그저 지켜봤다. 원하는 책만 재미있게 읽어줬다. 다른 건 잊었다. 나른한 햇볕을 온몸으로 받아낸 밤이면 핸드폰을 들 겨를도 없이 잠이 들었다. 왜일까, 뭘까. 나는 행복했다.

한결 부드러워진 시선으로 바라본 아이는 그저 작고 사랑스러운 꼬마였다. 그 아기와 사랑을 주고받으며 나도 점차 안정되고 편안해져 갔다. 아기를 안고 아기 냄새를 맡고, 다정하게 속삭이며 집중하니 매 순간 감탄이 터져 나왔다. 고운 걸 보면 아기 생각이 나고, 어느 날부턴가 똑같은 사진을 100장씩 찍고 있는 나를 발견한다.

사랑을 받지 못해 생기는 욕구 불만이 있다면 사랑을 주지 못해 생기는 욕구 불만도 있으리라. 알고 보니 내 사랑 통장은 잔고가 비워질수록 채워지는 것이었다. 쌓이는 대로 꺼내주면 그만큼 풍요해졌다. 아이에게 내 모든 다정을 내주었더니 '이렇게 행복해도 되나?' 싶을 정도로 행복이 찾아왔다. '사랑 호르몬' 옥시토신의 힘이다.

아이도 마찬가지였다. 조금만 더 공감하고 웃어주고 놀아주면, 꼬질꼬질한 욕구 불만과 심통을 씻어낸 말끔하고 환한 아이가 되었다. 삼 일만 신경 써도 눈에 띄게 달라졌다.

놀이와 책에 대한 집중력과 호기심이 늘고 많이 웃었으며, 타인을 배려했고 생활도 주도적으로 잘했다. 아이는 단순하다. 배부르고 맘 편해야 의욕도 세운다.

이렇게 '삼 일 신경 쓰고-다음날 흐트러지고'를 반복하며 이만치 왔다. 한결같이 좋은 엄마가 어디 있을까. 엄마의 작심삼일로 굴러가는 것이 육아다. 이 또한 사람의 일이기 때문에.

그러니,
사랑이 먼저다. 관계가 먼저다.
육아가 힘들어질 때면 잊지 않고 꺼내 보는
귀한 조언이다.

추 천 하 는 책 들

● 생활 속 원리과학(그레이트 북스), 신기한 스쿨버스(비룡소),
   쇠똥구리 과학 그림책(한국 헤밍웨이)

유아 과학 전집계의 클래식이다. 개정판이 계속 나온다는데 우리
집에 있는 건 나온 지 10년쯤 된 구판이다. 나는 최신간 과학 전집
이 필요한 이유를 알지 못한다. 초호화, 최신간 과학 전집은 사본
적이 없다. 과학은 무엇보다 기초 원리를 빈틈없이 알고 있어야
하는 학문이다. 그런데 그 기초 원리란 게, 말 그대로 '절대불변의
법칙'이라 구판이든 신판이든 내용의 큰 차이가 없다. (특히 물리·
화학 분야가 그렇다.)

아이는 서너 살에 보기 시작한 이 책들을 지금까지도 즐겨 본다.
그만큼 재미있고 스토리도 탄탄하다. 부록의 실험들도 간단해서
활용하기 좋다. 여러 번 반복하며 기초를 쌓아주기에 좋은 책들
이다.

● 발명가와 발명(교원)

보물 중의 보물이다. 원작 초판 발행이 1995년. 유아가 읽기에는
다소 수준이 높고 딱딱하지만 묘하게 재미있다. 아이는 즐겁게 읽

고 문제도 열심히 풀었다. 고대부터 현대까지의 과학사를 이야기 형식으로 풀어냈고 각 분야 과학의 거장들도 대거 등장한다. 아이의 지식욕과 성취욕에 불을 지핀 책이다.

● 꾀돌이의 자연관찰(교원)
베네세 코리아에서 호비를 들여오기 훨씬 전에 나온 오래된 책이다. 원작 초판 발행이 1993년. 그림이 부드러워 실사 자연관찰책을 부담스러워하는 아이(또는 엄마)가 보면 좋은 책이다. 테이프가 한 세트인데 구하기는 힘들다. 본문만 본다면 내용도 설명도 조금은 부실하지만, 아이가 몇 해째 놓지 않는 책이다. 친숙한 캐릭터의 힘일 테다.

● 수담뿍 수학동화(몬테소리), 슈타이너 수학동화(한국 헤밍웨이)
아기 때부터 수학동화를 좋아해서 『돌잡이 수학동화』를 필두로 여러 질을 읽었다. 그중에서 나도 아이도 참 좋아했던 책들이다. 올드하지만 전반적인 책 맛이 순하다.
수학 울렁증이 있는 나에겐 이 점이 매우 중요했다. '읽어주는 내 마음이 편한가, 편치 않은가.' 이 책들은 읽어주는 내내 마음이 편했다. 어릴 때 읽던 동화책을 읽는 듯 안락한 기분이랄까. 그래서 아이가 더 좋아했던 것 같다. 역시 서너 살에 시작해서 지금까지 잘 읽는다.
교구는 활용하지 않았다. 그저 반복해 읽다 보니 수학 개념이 논리적으로 잘 정리되었다. 학원에서 하루 배워 온 것보다 놀멘놀멘 반복해 읽은 책이 머리에 더 오래 남지 않을까? 같은 책을 몇 년에 거쳐 읽어주면 그 답을 알게 된다. 흐릿하던 개념이 시간이 지남에 따라 아이 속에서 선명하게 떠오르는 걸 보게 된다.

- 윙윙붕붕 박사 탈 것 시리즈

절판된 고전이다. 차 좋아하는 아이라면 무조건 좋아할 책이다.
말이 필요 없다.
지금은 중학생이 된 조카도, 우리 아이도, 놀러 온 아가들도 너무
좋아해서 본문과 표지가 분리되어 버렸다. 책으로서 소임을 다한
흔적, 사랑받은 자국이다.

- 단행본

단행본을 모아 보니, 아이가 어떤 시기에 뭘 좋아했는지 보인다.
그 시절 아이 모습이 눈앞을 스친다. 한창 소방관 놀이에 꽂혔을
땐 『소방관 아저씨의 편지(한우리북스)』를, 차 내부를 궁금해하던
시절엔 『포크레인 빌리(해피북스)』를, 물놀이 시즌엔 『하늘을 나는
욕조(키즈엠)』, 『리아의 수도꼭지(키즈엠)』를 하루에도 몇 번씩 봤
다. 곰을 유독 좋아하던 시기에 아이가 서점에서 고른 책은 『초코
곰과 젤리 곰(한솔수북)』이다.
장영실 홀릭이던 시절에는 유아서부터 초등용까지 장영실 책들을
수준별로 사줬다. 아이는 한동안 그 책들을 끼고 살며 꿈을 키웠
다. 아이의 롤 모델이 있다면 그에 관한 다양한 책을 사주면 좋다.
한 사람의 인생을 다양한 시각으로 보는 좋은 기회가 된다.

- 신기한 한글나라 읽기 그림책(한솔교육)

우리 집에 있는 책은 절판된 구판이다. 그래서일까. 90년대 풍경
이 고스란히 담겨 있어 볼 때마다 정겹다.
지금은 보기 힘든 동네슈퍼와 골목길, 나의 엄마가 서 있던 부엌
의 모습이 책 속에 남아 있다. 그 안에서 소소하고 유쾌한 에피소
드가 시트콤처럼 펼쳐진다.

아이도 이런 책을 좋아한다는 게 흥미롭다. 화려한 그래픽, 세련된 주제의 요즘 책들보다 훨씬 더 자주 찾는다. 순박한 취향이라 해두자.

두 책 모두 한글 뗄 때 요긴했다. 참 재미있게 봤다. 큰 책은 아이가 펼치고 앉아 소리 내어 읽었다. 글자가 커서 한눈에 들어오니 읽는 재미가 있었나 보다.

• 어릴 때 내가 보던 책들

아이에게 책을 읽어주며 자연스레 어릴 때 읽던 책들이 떠올랐다. 인터넷을 뒤져 보니 아직 나오는 책들이 있었다. 『난 자전거를 탈 수 있어(논장)』, 『단풍나무 농장의 사계절(북뱅크)』, 『달구지를 끌고(비룡소)』……. 반가웠다. 책을 펼쳐 든 순간 오소소 소름이 돋고 눈물이 핑 돌았다.

그림과 글귀는 물론 책을 보던 방 안의 벽지와 노란 장판, 냄새까지 그대로 떠오르는 것이었다. 엄마에게도 책을 보여드렸다. 이 책을 골라주고 읽어준 장본인. 엄마의 기억에도 이 책들은 곱게 자리 잡고 있었다. 책 표지를 보시곤 "네가 좋아하던 책! 기억하지. 매일 읽던 책이잖아!" 하신다. 뭉클했다.

'어린 시절 즐겨 읽던 책을 찾아라!' 헌책방 투어를 그린 책 『아주 오래된 서점(문학동네)』에서 저자가 내린 지령이다.

육아하는 이에게도 그런 감동과 재미는 필요하다. 이 책들은 내가 나를 위해 스스로 길어 올린 감동이다. 책이라는 문으로 세상을 만나 온 사람에게 이보다 동화 같은 경험이 또 있을까. 그런 즐거운 순간들이 쌓여야 육아도 순항한다는 걸 이제는 안다.

• 영어책

영어 교육을 전공했다. 그림도 내용도 참신한 영어 그림책에 관심
이 많다. 하지만 실제 구매로 이어진 아이 영어책은 손에 꼽힌다.
언어야말로 애정과 반복이 중요하다고 생각하기 때문에 새 책 구
입에 인색했다.

그런데 우리말 책에는 잘 나오지 않는 주제들이 있었다. 예를 들
면 '배관공', '하수도' 같은. 그때 아마존을 뒤져 보니 유레카! 거
기가 보물 창고였다.

『A day with a plumber(Childrens Pr)』, 『Curious george plumber's
helper(HMH Books for Young Readers)』, 『No more water in the
tub(Puffin Books)』등 물놀이 시절 아이가 끼고 살던 책은 영어책
이었다. 어딜 가든 들고 다녔고, 책을 보며 배관공 놀이를 하곤
했다.

영어 전집은 『Oxford reading tree(Oxford University Press)』, 『시계마
을 티키톡(에듀박스)』이 시리즈들을 반복해서 보았다. 영어 전집
을 선정할 때 권수가 많으면 피했다. 언어 습득의 핵심은 단순함과
반복이다. 그래야 자신감과 흥미가 생긴다. 다양한 걸 많이 늘어놓
는 건 도움이 되지 않는다. 한 문장, 한 패턴을 확실히 숙지해 확장
하는 게 낫다.

간단한 생활 영어는 몇 년간 이 두 세트로만 익혔다. 하도 반복적
으로 읽어 몇 권은 줄줄 외울 정도가 되었다. 이 책들의 장점은 반
복되는 짧고 명료한 문장과 현실적인 스토리다. 그를 발판으로 아
이는 적재적소에서 정확한 말을 뱉어냈다. 쏙 들어오는 단순한 삽
화와 '덜 뽕짝스런' 음악도 내겐 플러스 요소였다.

- 영어 음원

영어 동요 CD 역시 하나에 올인했다. 유명하지 않아도 괜찮다. 엄마와 아이 귀에 잘 맞고, 질리지 않을 CD를 찾아 꾸준히 들어 보면 기대 이상의 성과를 거둘 수 있다.

스마트폰 속에 영어 동영상, 음원, 자료가 넘치도록 많아도 기웃 대지 않았던 건 순전히 내 개인적 경험 덕분이다. 초등 시절, '라이온 킹' OST를 몇 년 들었을 뿐인데, 중학교 영어가 낯설지 않았던 기억. 대학 시절, 미드 한 시즌 보고 또 봤을 뿐인데 토익 듣기 만점이 나왔던 경험.

그 덕에 나는 CD 몇 장 들은 게 다인 아이를 겁 없이 영어 유치원에 보낼 수 있었다. '듣던 CD'의 힘만 믿고 말이다. 그것도 7세 중반에! 남편은 영어 유치원 늦깎이 아이가 수업을 못 따라가는 게 아닌지 걱정했지만 아이는 당당히 말했다. "아빠, 영어 쉬워. 수업 시간에 배우는 거 다 아는 노래이고, 들어본 말이야."

- 카탈로그

아이는 자동차 카탈로그를 통해 차종별 RPM, 토크, 마력, 디젤과 휘발유의 차이 등 많은 걸 익히고 배웠다. 가전제품도 마찬가지다.

좋아하는 건 보기만 해도 익혀진다. 이런 것들이 당장 교과서에 나오진 않지만, 관심사를 스스로 탐구하고 익히는 것은 좋은 습관이기에 카탈로그는 늘 넉넉히 얻어 와 보여주었다. 무엇이든 아이가 좋아하는 주제와 관련된 읽을거리를 챙겨준다.

엄마도 뿌듯하고 아이도 좋아하니 일거양득인 셈이다. 아이에게 카탈로그를 내어주신 직원분들께 감사 인사를 전한다.

3

꼬마 과학자네 부엌 실험실과 아날로그 육아

괜찮아요, 집 육아

'자신의 집에서 자신의 세계를 가지고 있는 사람보다
더 행복한 사람은 없다.'

– 괴테

아이의 돌 이전, 그러니까 육아의 8할이 집에서 이뤄지던 시절
에는 집순이라 수월한 점이 분명 있었다. 집이란 익숙한 공간 안
에서 이런저런 생각을 하고 느끼며 단조로운 일상을 그럭저럭 버
텼다.

그때 쾌활한 엄마들이 내쉬던 깊은 한숨을 기억한다. 그들은
아이와 집에 갇혀 있는 게 괴롭다며 내게 '집순이라 좋겠다'고 말
했다. 뭐라 답할지 몰라 그냥 웃었던 것 같다. '집순력'으로 부러
움을 받게 될 줄은 꿈에도 몰랐으니.

하지만 아이가 자랄수록 형편은 달라졌다. 육아 고달픔엔 '집 순이 특별 사면' 같은 게 있을 리 없다. 아이가 책과 가까워지도록 집 안 환경을 다듬느라, 날로 고집과 힘이 세지는 아이 뒤치다꺼리하느라 나는 매일 조금씩 더 지쳐갔다.

아이와 있을 때 배터리는 유난히 빨리 깜빡였다. 아이가 잠들면 같이 쉬며 충전을 해야 하는데, 집 치우고 밥 짓느라 남은 배터리를 소진했다.

아이가 낮잠에서 깨어나는 소리를 들으며 싱크대 앞에서 완전 방전되는 그 스산함을 아실는지 모르겠다. 깨어난 아이는 방긋방긋 웃는데 나는 울고 싶어지는, 그 안타까운 불협화음 말이다.

점차 일상-놀이-학습이 한 번에 이뤄지기를 바라게 되었다. 집안일은 아이가 잠들기 전에 함께 해치우기로 했다. 매일 뒤집고 엎고 쏟는 멘붕의 향연이었지만 그 세 가지는 따로가 아니었다. 아이에겐 놀이가 일상이며, 일상이 놀이다. 그리고 그 안에서 애착을 형성하며 다양한 것을 익히고 배워 나간다.

집에서는 아이가 무의식적으로 반응하는 영역들이 또렷이 보였다. 덕분에 '아이의 적성을 찾는다'는 명목하에 여기저기 떠도는 품을 줄일 수 있었다. 억지로 훈련하거나 준비하지 않아도 아이가 쉽게 배우며, 지속적 흥미를 보이는 것이 아이의 재능이 될 가능성이 높다.

이웃 중에 아이의 재능을 찾기 위해 다양한 학원에 보내고, 많은 검사를 받게 하던 엄마가 있었다. 어느 날 그가 한숨을 쉬었다.

"이번엔 바이올린을 시켜볼까 봐요. 피아노는 영 안 되네요. 애가 왜 하고 싶은 게 없는지. 휴, 애 데리고 여기저기 다니느라 내가 늙어요. 그래도 어떡해요. 최대한 많은 걸 시켜봐야 재능을 찾죠."

내 생각은 좀 다르다. 나는 재능의 '발견'을 위해서는 익숙한 장소와 편안한 마음이 필수라 생각한다. 낯선 곳에서는 감정이든 특기든 가진 걸 쉬이 드러내지 못하는 내향인이라면 이 느낌을 더 잘 알 것이다.

한 사람의 정수는 편안할 때 드러나지 않던가. 애쓰지 않아도, 투명하고 또렷하게.

나는 아이가 성장에 필요한 기초적인 것들을 가정에서 배울 수 있기를 바랐다. 자기 주도성과 반복 학습 습관도 가정에서 길러진다고 믿는다. 학습지를 반복적으로 푸는 것만이 '반복 학습'은 아닐 것이다. 아이는 집에서 매일 보는 것들을 몇 년째 다각도로 관찰한다. 집 안과 그 주변에 무엇이 있는지 소상히 알고 있으며 집에서 해야 할 일들을 차곡차곡 해나간다.

아이는 스스로를 안정시키며 기분을 조절하는 방법도 집에서 익힌다. 자기 자신을 보듬고 다스리는 법. 이것이야말로 인생에서 스스로 깨우쳐야 할 가장 귀한 덕목 아닐는지.

아이에게 책을 권한 건 내 경험과 선호가 바탕이 되었기 때문일 것이다. 그러나 실험 등 그 외 활동에 있어선 아이를 따랐다. 운전대와 기어 모두를 아이에게 내주었다.

그럼에도 기본은 늘 같았다. 자신에게 잘 맞는 방법을 택해 꾸준할 것. 아이의 방향을 지지하며, 아이만의 특별함과 '코드'를 찾는 데 집중했다. 우루루 휩쓸려 많은 걸 하는 대신, 하나의 세계를 깊이 들여다보고 싶어 하는 나의 내향적 특성을 그렇게 사용했다.

여전한 집순이다. 집에서라면 뭘 하든 안정적으로 해낼 수 있으리라 무한 긍정한다. 바깥순이 친구는 "난 집에서 진 빼는 대신 무조건 데리고 나가. 집에서 왜 시간 낭비하니? 너도 얼른 애 싣고 나가!"라고 하지만, 집순이가 어딜 가겠나. 밖에서 진 빼느니 죽이 되든 밥이 되든 집에서 판 벌이는 게 낫지.

일본의 뇌과학자 구보타 기소는 생활에서 경험하는 감각을 다듬으면 뇌가 큰다고 말했다. 많은 경험이 도리어 아이 머릿속을 혼란스럽게 만들 수 있으니, 단순한 것에서 복잡한 것으로 천천히 넓혀가기를 권한다. 그러기에 집만 한 곳이 또 있을까?

물론 아이와 함께하는 집은 이전의 집과 영 다르다. 집순이인 내게도 집에서 아이와 복작대는 하루는 길고 피곤하다. 그럼에도 잊지 않는다. 우리는 모두 집에서 자랐다는 사실을. 오늘, 집에서 벌어지는 사소한 순간이 아이의 첫 기억이 될 수 있다는 것도.

집에서 자라지 않은 사람이 있을까요?

집에서 보내는 시간은 곧 집에서 자라는 시간.

우리는 모두 집에서 자랍니다.

아이도, 부모인 당신도.

아 이 는 발 산 하 고 엄 마 는 수 렴 한 다

아이는 늘 조용히 사고를 쳤다. 혼자 노는 법 없는 아이가 조용하다 싶어 가보면 서랍을 뒤집거나 휴지를 뽑고 있었다. 당혹함에 동공 지진이 일고 말이 막혔다. 그런 일은 곳곳에서 수시로 일어났다.

드라이버를 들고 다니던 시절에는 이것저것 분해하는 탓에 세간살이가 남아나질 않았다. 아이는 금속의 경도를 확인해봐야 한다며 냉장고 표면을 긁었고, 라디오 안테나를 뽑았다. 스탠드는 몇 번이나 새로 샀는지 헤아릴 수도 없다. 장난감, 시계, 볼펜 등도 예외는 아니었다.

내 인내심이 동나기 전에 아이를 자유롭게 두고 잔소리를 줄일 수 있도록 환경을 바꿔야 했다. 살림살이가 망가질 때마다 아이를 탓하기보다 비싼 소품을 줄였고, 전기제품을 분해하는 것이 위험하다며 말리는 대신 코드를 뽑고 깨끗하게 닦아 안전하게 갖고 놀도록 내주었다. 공구 역시 아이 손에 맞는 작은 공구로 대체해주었다.

아이의 세계를 다정하게 바라보고 진지하게 탐험해주는 사람이 되고 싶었다, 나는.

아이는 물에 관심이 많았다. 두 살 여름에는 하루에도 몇 번씩 집 앞 예술의 전당에서 분수를 구경했다. 서너 살에는 종일 물놀이를 했다고 해도 과언이 아니다. 몇 시간이고 수도꼭지에 여러 모양의 그릇이며 호스를 붙여보고, 욕조에 온갖 것을 넣어보며 좋아했는데 이때 물이 흐르는 모양, 수압, 부력 같은 것들을 관찰했던 것 같다.

돌 좀 지나서였던가. "내가! 내가!" 아이는 의자를 놓고 싱크대 앞에 서서 설거지하는 흉내를 내기 시작했다. 그날 이후 싱크대는 아이 차지가 되었다.

온 집 안에 물 마를 날이 없었다. 옷을 하루에 열 번도 넘게 갈아입히고 수건을 총동원해 물 훔치느라 빨래가 산처럼 쌓였다. 한두 달이면 모를까, 3년 넘게 그런 생활을 했다. 이사 준비를 할 때서야 싱크대 아래 마루가 다 썩어 있는 게 눈에 들어왔다. 그럼에도 기뻤다. 어쩌면 아이는 거기서 우주를 탐험했던 것인지도 모르니 말이다.

다른 아이들이 학원에 다니기 시작한 다섯 살 무렵에는 불안함이 밀려오기도 했다. 아이를 싱크대에서 끌어내려 학원으로 보내야 하는 게 아닌가 싶었다. 그때, 남편이 나를 다독였다. "단순히 재미만 있다고 저렇게 못 해. 궁금하니까 저러는 거야." 그의 말은 큰 위안이었다. "과학은 암기 과목이 아니야. 스스로 원리를 이해해야지. 이런 경험이 훨씬 더 중요해."

지나 보니 그 말이 맞다. 과학과 수학을 달달 외워 시험 보던 나에게도 신기한 일이 일어났다. 그토록 외워도 와닿지 않던 원리들이 아이 곁에서 이해되기 시작했으니 말이다.

그러나 아이의 이런 열중을 당연히 여긴 적은 없다. 아무리 '좋아서 하는 일'이라도 집중에는 노력과 끈기가 필요한 법이니까. 당장 어떤 결과가 없더라도 아이의 열중하는 자세 자체를 칭찬하고 응원했다. 물색도 없이 아이를 따라 물속으로 들어가 아이 이야기를 들어주는 게 보통의 내 일이었다. 더불어 즐거운 물놀이를 위한 흥미로운 이야깃거리와 구체적인 수단을 마련하는 것 또한 내 몫이었다.

이를 테면,

• 포일을 조그맣게 구겨서 물에 넣으면 가라앉는다. 하지만 같은 크기의 포일을 배 모양으로 접으면 물에 뜬다. 물체가 물을 밀어

내는 면적이 넓어질수록 부력이 세지기 때문이다.

• 아이에게 욕조에 뜬 대야를 눌러보게 했다. 여간해선 밀어 넣기 어렵다. 아이는 물체를 밀어 올리는 부력의 힘을 생생히 느꼈을 것이다.

• 풍선이 있는 날은 잔칫날이다. 풍선만 보면 아이는 '엄마, 나랑 두근두근하자!'라며 욕실로 뛰어 들어갔다. 고무풍선을 불어 묶지 않고 물에 넣으면 로켓처럼 앞으로 나가는데, 아이는 이 놀이를 '두근두근'이라 부를 만큼 좋아했다.

하루 종일 싱크대와 욕조에서 놀다 보면 축 늘어져서 꼭 데친 시금치가 된 기분이었다. 그러나 목욕을 마친 따끈한 아이 볼에 입을 맞추면 금세 기분이 좋아졌다. 물기 어린 아가 냄새가 코끝에 아른대면 마음이 보드라워졌다. 그토록 강건하던 피곤마저 봄눈 녹듯 녹아버리고 헤실헤실 웃음이 나왔다. 이렇게 작은 것에 행복해지는 나는 참 단순한 사람이구나 싶던 순간들이다.

부 엌 실 험 실

부엌은 육아에 지친 내게 피난처였다. 더디게 가는 하루 중에도 매 끼니는 틀림없이 찾아왔고, 그러면 해방이라도 된 듯 부엌으로 들어가 앞치마를 둘렀다. 말없이 싱크대 앞에 서 있는 시간이 나의 쉬는 시간이었다.

소란한 육아에 비하면 부엌일은 호사였다. 잘못될 리 없는, 그저 안전하고 순한 일. 하지만 그도 잠시, "엄마~" 아이가 따라붙는다. 내 다리를 붙잡고 심심하다고 칭얼대거나 부엌살림을 다 끄집어내며 야단이다. 싱크대와 나 사이로 들어와 나를 밀어내기도 한다. 밥은 해야 하는데 어쩔 도리가 있겠는가. 호기심 어린 두 눈을 모른 척할 수가 없어 당근을 쥐어주고 저울을 꺼내줬다.

그렇게 아이를 부엌에 들인 지 몇 년, 싱크대 앞에서 아이가 밥 짓고 실험하는 모습은 일상이 되었다. 부엌에서 소란을 피우던 그 아가가 이제 나의 가장 든든한 살림 동지다. 조용히 채소를 다 듬고 설거지하는 호사를 이제야 누린다.

어느 날 한 엄마로부터 질문을 받았다. '부엌일을 할 때마다 아이가 방치되는 것 같아 미안해져요. 그렇다고 안 할 수도 없고, 어떡하죠?'

내게도 익숙한 고민이다. 아이에게 뒷모습을 보여줘야 하는 그 죄책감과 미안함, 바로 그 마음에서 시작된 것이 부엌 실험실이니까.

내가 설거지하는 동안 우리 아이도 혼자 블록 쌓고 책을 보면 좋을 텐데, 그럴 리가. 아이는 어른들의 세상이 궁금했다. 아빠는 아침마다 어디를 가는지, 엄마는 부엌에서 뭘 하는지 알고 싶었을 것이다.

아이의 호기심이 때론 버거웠던 게 사실이다. 하지만 피할 수 없다면 즐겨야지. 우리는 점차 많은 일을 함께하게 되었다.

아이는 한시도 가만히 있지 못하는 녀석이었다. 한자리만을 고집하는 법도 없었다. 바꿔 말하면 온 집 안이 배움터이자 놀이터가 될 수도 있는 아이였다. '공부는 책상에서, 책과 교구로만', '놀이는 놀이방에서, 장난감으로만'이라는 경계를 허물어주자 아이와 할 수 있는 활동이 늘어났다.

아이는 부엌에서 엄마가 하는 일에 훼방을 놓다가 실험하고, 거실에서 공을 차다 책 읽고, 화장실에 앉아 구구단 외우고, 마당에서 흙을 파다 구름을 관찰한다.

마치 유목민처럼 떠돌아다니며 그때그때 마음에 드는 장소를 놀이/학습 공간으로 이용했다. 그렇게 자기 방식으로 발전하고 즐거워하는 아이 모습에 내 죄책감도 슬며시 누그러들었다.

이 중 아이가 가장 좋아했던 장소가 부엌 실험실이다. 무균실처럼 정연한 '실험실' 대신 복작복작한 주방에서 수학과 과학의 기초를 다졌다 해도 과언은 아닐 테다.

우선 책으로 실험을 접하게 했다. 그러다 궁금한 게 생기면 곧장 부엌으로 장소를 옮겼다. 우리는 부엌에서 초등 교과에 나오는 대부분의 실험을 함께했다. 부엌 문턱을 넘는 순간, 아이는 과학자가 된다. 좁아도 괜찮다. 생활의 온기가 묻어 있다면 더 좋겠다. 위험한 것만 잘 치워둔다면.

아무리 말려도 아이는 부엌에 따라 들어왔다. 그땐 '대체 뭐가 있기에 저러나' 했지만, 이제는 안다. 부엌엔 아이가 가장 사랑하는 사람, '엄마'가 있었다는 걸.

엄마와 함께이기에 무엇을 해도 좋은 곳, 따뜻한 음식이 나오는 곳, 크고 작은 이야기가 방실방실 피어나는 곳.

어쩌면 부엌이야말로 육아에 가장 맞춤한 공간인지도 모르겠다.

꼬마 과학자네 부엌엔 뭐가 있을까?

아이가 어릴 때는 부엌살림 그 자체가 훌륭한 교구이자 장난감이었다. 냄비나 그릇 뚜껑의 짝을 맞추고, 크기와 모양을 비교하기를 좋아했고 색깔이든 쓰임새든 기준을 정하여 같은 종류끼리 모아보는 것도 재미있어했다.

왜인지 몰라도 대개의 아이들은 부엌살림을 좋아한다. 그러니 숨기거나 못 하게 막지 말고 늘어놓고 마음껏 탐구하게 해주면 어떨까? (물론 칼이나 전열 기구, 유리 등은 예외) 밀대나 체, 거품기 같은 것들을 하나씩 소개하면 아이는 보물을 얻은 양 기뻐했다. 그렇게 쌀 씻기처럼 간단한 것부터 해오며 아이는 어느새 당당한 가족 구성원이자 생활인이 되었다. 곶감 빼주듯 하나씩 꺼내주던 정스런 부엌 살림이 우리의 가장 좋은 교구이자 장난감이었다.

간략하게나마 우리가 했던 부엌 놀이와 재료를 소개한다.

냉장고

냉장고는 부엌에서 가장 눈에 띄는 가전이자 비교적 안전하기에 어린 아가들이 접근하기 좋다. 아이 역시 문을 열면 차가운 기운과 환한 빛이 나오는 냉장고를 좋아했다.

게다가 칸칸마다 이야깃거리가 빼곡하니, 냉장고는 의외의 보물 창고였다. 우유의 유통 기한을 따져보고 일반 우유, 저온 살균 우유, 멸균 우유를 비교해본 것도 재미있었다. 각양각색의 장류와 소스를 설명해주기도 했다. 내가 설거지를 하는 동안에 아이는 깔때기로 콩과 쌀을 나눠 담거나 대접에 딸기를 으깨며 놀기도 했다.

또 먹을 것을 냉장고에 넣거나 뺄 때마다 꺼낸 식료품의 수를 말해주고 냉장고에 붙어 있던 벽보의 숫자를 짚어주었다. 먹을 것은 아이가 연산을 배우는 데 가장 좋은 동기 부여물이었다.

"엄마, 쿠키가 5개 있었는데, 내가 2개 먹어서 3개가 남았어요."

"엄마, 방울토마토가 여섯 개밖에 없어요."

"그럼 우리 셋이 몇 개씩 나눠 먹을까?"

"음…… 두 개요!"

냉동실과 냉장실 온도 차이에 호기심을 보이는 아이에게 냉동실엔 무엇이 들었는지, 냉장실엔 무엇이 들었는지 꺼내어 보여주었다. 또 직접 냉동실에 얼음을 얼려보면 어는 점과 녹는 점, 어는 점인 0도를 기준으로 마이너스와 플러스의 수 개념 등을 설명하기 쉬워진다. 아이는 0도 이하의 낮은 온도에서는 미생물이 번식하기 어려워 식품을 더 오래 보관할 수 있다는 것을 자연스레 깨우칠 수 있었다.

아이는 냉장고 소리에도 관심이 많았다. 때에 따라 졸졸 물소리도 나고, 윙~ 모터 도는 소리도 난다며 그 원인을 물었다. 냉장고 안의 냉매가 컴프레셔라는 기계를 통해 액체 > 기체 > 액체로 그 모습을 반복해서 바꾸는데, 그러한 움직임으로 인해 소리가 나는 것이라고 간단히 이야기해줬다. 정확한 이해보다는 '더 알아보고 싶다'는 흥미와 호기심이 생기기를 바라며.

그리고 냉장고 하면 빠지지 않는 자석! 자석 덕분에 손을 놓아도 문이 철썩 달라붙으며 닫힌다. 사소한 활동이지만 자석의 특성을 알려주기 안성맞춤이다.

우리는 냉장고 문에 자석을 붙이고 놀거나 전단지를 붙여놓고 오늘은 무엇을 살지, 이 마트와 저 마트 중 어디가 물건이 더 많은지 비교해보기도 했다.

계량컵, 스포이트, 저울, 타이머

정확한 양과 시간을 측정하는 활동은 부엌 실험실의 백미다. 계량컵은 눈금이 선명하게 보이고 숫자가 큰 것이 좋다. 타이머와 저울은 이왕이면 눈금을 직접 세어볼 수 있는 아날로그식을 권한다.

아이와 요리책을 펼치고 재료의 양과 액체의 들이를 재어보며 질문했다. "이 계량컵은 250ml까지 밖에 안 나와 있네. 700ml를 만들려면 어떻게 해야 할까?", "이 스포이트로 숟가락에 물을 한 방울씩 떨어뜨려봐. 그리고 숟가락이 몇 ml인지 엄마한테 말해 줘.", "이번에는 그 숟가락으로 물을 몇 번 떠야 한 컵을 다 채울 수 있는지 재어보자." 이런 질문을 하며 채소를 다듬고 밥을 안 쳤다.

집 안 물건 중 누가 가져온 물건이 더 무거운지 따져보는 '무게 재기 시합'도 재미있었다. 이때 나는 크기만 컸지 속이 텅 빈 상 자나 풍선을 가져갔다. 그리곤 "하하하! 내 물건이 더 크니 당연 히 더 무겁겠지" 악당처럼 웃으며 저울에 올린다. 그러나 아이가 가져온 작은 쇠구슬이 더 무겁다. 이 시합을 통해 아이는 저울 읽 는 법은 물론 무게를 결정짓는 건 크기(부피)가 아닌 밀도와 질량 임을 확실히 알게 되었다.

요리하며 입으로 숫자를 세거나 시계를 보며 시간을 재는 일도 아이의 일. 처음엔 아이가 접근하기 쉬운 '초'로 시작했다.

"윤하야, 몇 초 있다 불 끄면 될까?"

"30초. 내가 세어줄게요. 1초, 2초, 3초……."

초 세기에 익숙해질 무렵 60초가 1분임을 알려줬다.

"이제, 몇 분 남았어?"

"엄마가 180도에서 30분 돌리라고 했는데 지금 15분 지났으니까, 15분 남았어요."

아이는 벽시계, 아날로그 타이머, 모래시계 등 여러 가지 시계를 활용해 추상적인 개념인 '시간'을 의식적으로 체화했다. 이것이 일상이 된 여섯 살엔 120초까지 오차 없이 어림했는데, 초등 교사인 지인이 이 모습을 보고는 아이가 이처럼 시간을 정확히 인지하게 된 경위를 물었다.

'밥하면서요'라는 아이 대답에 우리는 폭소했지만, 사실이었다.

플라스틱 칼

썰기는 아이들이 특히 좋아하는 활동이다. 아이에게 케이크 자르는 플라스틱 칼을 주면 아이는 신나게 과일을 잘랐다. 이렇게 자른 과일로 화채를 만들고 채소로 카레를 만들었다. 이때 카레 속 감자가 큼지막해도, 화채가 짭짤해도 얼굴을 구기지 않는 연기력이 필요하다.

아이는 거의 매일, 사과나 당근 같은 것들을 썰어댔다. 같은 채소의 단면이라도 세로 단면과 가로 단면은 다르다. 아이가 최대한 여러 방향으로 썰어보며 단면을 관찰하도록 유도한 이유다.

채소 단면에 도장을 묻혀 굴려보거나 찍어보는 것도 재미있는 활동이다. 이 활동을 많이 해본 우리 아이는 도형 자르기 문제를 어렵지 않게 풀었다. '아, 그거네. 애호박 자른 단면!' 하면서 말이다. 뿐만 아니라 이것저것 무수히 자르고 나눠 담아봤기에 나눗셈, 분수도 쉽게 이해한다.

오늘 아침엔 아이가 책에서 보았다며 '오이를 잘라보면 그 단면의 중심이 정삼각형의 무게중심과 일치한다'는 말을 툭 꺼냈다. 그러므로 오늘은 오이 단면 중앙의 한 점을 보여주며 그 이야기를 해줄 참이다. 완벽히 이해시키기보단 '이 또한 언젠가 도움이 되겠지'라는 편안한 마음으로.

유리 냄비

다섯 살 어느 날, 아이가 유리 냄비를 사달라고 했다. 왜 필요하냐 물었더니, 물을 끓일 때 물이 위아래로 돌고 도는 대류 현상이 보고 싶어서 그렇단다.

그 후로 국을 끓일 땐 그 유리 냄비를 사용한다. 아이는 멀찍이 스툴을 놓고 앉아 냄비 속에서 물과 재료가 위아래로 도는 모습을 감상한다. 수증기가 뚜껑을 밀어 올려 국이 넘치면 "우아, 수증기 힘세다!"며 감탄한다. 유리 냄비에 보리 몇 알 넣고 보리차를 끓여도 재미있다. 보리들이 위로 아래로 춤추듯 움직이기 때문이다. 냄비 뚜껑이나 안쪽 벽에 물방울이 맺히는 응결 현상도 훤히 보인다. 열에 의해 변하는 액체의 모습을 확인하기에 적격이다.

지도와 책

식재료를 다듬으며 아이에게 이 재료들이 어디서, 어떻게 여기로 오게 되었는지 이야기를 들려주곤 한다. 책에서 본 고랭지 채소가 맛있는 이유와 서해와 동해의 어종이 다른 이유도 이때 자연스럽게 흘러나온다. 우리나라는 산, 들, 바다가 모두 있어 먹거리가 풍성하며, 사계절이 뚜렷해서 철마다 나오는 식품도 다르니 참 감사한 일이라고도.

부엌에 대한민국 지도와 세계지도를 붙여놓고 이 재료가 어느 지역의 특산품인지, 이 음식이 어느 나라 요리인지 지도에서 찾는 놀이도 재밌다.

부엌에 지도를 붙여놓은 지 4년. 이제는 내가 '수박!' 하면 아이는 지도에서 고창을 찾고, '옥수수!' 하면 강릉을 찾는다. 엄마가 부엌일할 때 지도를 보며 놀던 아이는 이제 우리나라 지명과 위치, 특산품을 나보다 더 잘 알게 되었다.

이따금 온 가족이 파스타를 만드는데 아빠와 아이는 토마토를 갈며 재료의 물리적 변화를, 고기를 구우면서는 화학적 변화를 이야기한다. 완성된 파스타를 먹으며 아이는 이곳을 넘어 엄마와 아빠가 다녀온 이탈리아 이야기를 듣는다. 베니스의 곤돌라와 로마의 콜로세움……. 그렇게 아이는 식탁에 앉아 가본 적 없는 이탈리아를 상상한다.

부엌에는 식품 첨가물에 관한 책이 한 권 있다. 이 책을 통해 가공식품 뒷면에 빼곡한 요상한 이름들이 대부분 인공조미료나 보존료, 합성첨가물임을 알게 된 후로 아이는 가공식품을 곱게 봐주지 않는다. 식품 뒷면에 쓰인 영양 성분과 포장 성분까지 꼼꼼히 확인한다.

아이는 부엌에서 재료를 다듬고 요리를 하며 건강하고 즐거운 식습관을 익힌다. 뭐든지 잘 먹고 불량 식품은 알아서 조절하거나 피한다. 아홉 살 현재, 충치 하나 없는 건강하고 튼튼한 어린이로 자라는 중이다.

압력밥솥

이게 무슨 복일까. 일주일에 두어 번 아들이 해주는 솥밥을 먹고 있다. 벌써 5년째다. 전기밥솥을 쓰던 내가 얼떨결에 압력솥 밥을 먹게 된 건 순전히 압력밥솥의 원리를 궁금해한 아이 덕이다.

아이는 마트에서 밥솥을 골라 '풍윤이'라 이름 지어주고 '압력밥솥은 패킹이 생명'이라며 3개월마다 패킹도 갈아준다. 그야말로 애완 밥솥이다.

손이 더 가긴 해도 솥밥은 맛이 월등하다. 그도 그럴 것이, 수증기가 적게 새어나가기 때문이다. 솥 안의 압력이 높아지면 끓는점이 상승하여 더 뜨거운 온도에서 밥이 익는다. 아이가 즐거위하는 모습이 사랑스러워 압력밥솥의 원리는 물론, 잘못하면 '뻥!' 터진다는 괴담까지 늘어놓는다. 아이에겐 이 모든 게 흥미로운 요깃거리다.

다년간 밥을 지어본 아이는 압력에 따라 물의 끓는점이 달라지는 원리를 설명할 수 있게 되었다.

밥을 짓는 데도 여러 과정이 필요하고 다양한 방법이 있다. 이를 아이와 함께 체험해보면 좋겠다. 그러한 체험을 통해 아이가 '밥'을 지었다는 뿌듯함을 느낀다면, 더할 나위 없겠다.

원두 분쇄기와 커피 필터

커피 애호가 엄마 덕에 아이는 네 살경부터 핸드드립 커피, 모카 포트 커피, 프렌치 프레스 커피, 캡슐 커피, 인스턴트커피를 두루 섭렵했다. 그러면서 너무도 자연스레 여과와 분리, 압출, 동결건조, 증류의 개념을 이해하게 되었다.

자꾸 접하면 호기심도 생기는 법. 아이는 엄마가 왜 아침마다 커피를 마시는지, 커피를 마시면 왜 잠이 안 오는지를 물었다. 교감 신경과 부교감 신경, 카페인의 작용에 관해 설명해줄 좋은 기회였다.

언젠가는 커피 원두 가루는 물에 녹지 않는데, 인스턴트커피는 어떻게 물에 녹는지를 묻기도 했다. (비법은 동결 건조다.)

젓가락으로 원두 콩 집으며 놀기, 핸드밀로 원두 갈기는 아가

엄마와 함께이기에 무엇을 해도 좋은 곳,

크고 작은 이야기가 방실방실 피어나는 곳.

어쩌면 부엌이야말로

육아에 가장 맞춤한 공간인지도 모르겠다.

들의 소근육 발달에 도움이 된다. 갈린 원두 입자 크기에 따른 커피의 진하기 차이도 보여주었다. 원두를 미세하게 갈아서 입자가 작아질수록 물에 닿는 면적이 늘어 커피는 진해진다. 같은 양의 커피라도 원두를 굵게 갈면 연해진다.

또 여과지에 커피를 내리면 물은 빠져나오는데 원두는 그대로 남아 있는 것을 볼 수 있다. 우리는 이 과정을 통해 크기에 따른 분류를 이해하였고, 나아가 커피가 아닌 설탕물이나 소금물을 필터에 걸러보면서 용해의 개념을 확인하였다.

이처럼 아이에게 커피 필터와 물, 컵, 설탕 등을 주면 다양한 혼합물을 만들어 분리하며 시간 가는 줄 모르고 놀았다.

아이가 만들어 준 커피를 연거푸 마시느라 머리가 띵 하던 날들을 떠올리면 지금도 눈앞이 깜깜하다. 그럼에도 그날들이 야속하진 않다. "엄마, 잘 잤어요? 오늘은 내가 모카 포트 커피 해줄게." 가을 아침, 아이가 내려주는 커피를 마시는 호사를 누리고 있으니.

달걀

아이 있는 집은 김과 달걀이 떨어지는 날이 없다. 특별한 반찬이 없어도 이 둘만 있으면 얼마나 든든한지. 엄마들이 마트에 가면 꼭 집어 드는 아이템이 김과 달걀일 것이다.

나는 달걀 한 판을 사오면 반을 삶아 날달걀과 삶은 달걀을 섞어둔다. 그리고 필요할 때마다 아이에게 날달걀을 골라달라고 한다. 육안으로는 구분이 쉽지 않지만 돌려보고 굴려보면 그 차이가 보인다.

날달걀은 잘 돌아가지 않는다. 고체인 껍데기가 회전해도 액체 상태인 내용물에는 그 힘(회전력+관성)이 전달되지 않아 잘 돌지 않기 때문이다. 반대로 삶은 달걀은 잘 돌아간다. 고체인 껍데기와 내용물이 같이 돌기 때문이다.

미션을 받은 아이는 달걀을 돌려보고 굴려보고 멈춰보며 자못 골똘했다. 달걀 감별 도사가 된 요즘은 껍데기의 때깔만으로도 구분하지만, 돌려보는 게 역시 더 재미있단다. 이것은 '관성'에 대해 배울 때 교과서에도 나오는 실험이다. 직접 해보면 감각을 익히는 데 도움이 된다.

달걀을 이용한 소금물과 맹물 감별 실험도 아이가 좋아하는 실험이다. "엄마가 소금물을 만들어놨는데 어떤 게 소금물인지 모르겠어. 윤하가 도와줄래? 근데 너무 짜니까 맛은 보지 마."

그 말에 아이는 달걀을 꺼내와 각각의 컵에 넣었다. 소금물에서는 달걀이 뜬다는 것을 알고 있었기 때문이다. 소금물의 밀도가 클수록, 그러니까 소금물의 진할수록 달걀은 더 높이 떠올랐다.

달걀이 물에 둥둥 뜨는 마술 같은 모습은 순식간에 아이 눈을 사로잡는다. 간단하지만 생색내기 딱 좋은 실험이다.

김

네 살 때로 기억한다. 김을 먹던 아이가 실리카 겔을 뜯어달란다. 왜 김에는 이것이 꼭 들어 있는지 궁금하단다. 습기 제거제라 말해주자, 아이는 물에 넣어보고 싶단다. 남편에게 물어보니 먹지만 않으면 괜찮다고 하여 실험에 착수했다.

실리카 겔 봉지를 뜯어보면 작은 알갱이들이 나온다. 알갱이에 물을 뿌려 보니 탁탁 소리를 내며 터진다. 톡톡 튀기도 한다. 그런데다 염화코발트를 포함한 실리카 겔이 물과 반응하면서 푸르게 변하기까지 하자 조용히 바라보던 아이가 환호성을 지른다. 불꽃놀이라도 보듯 눈을 빛냈다.

이후로 한동안 김을 먹을 때마다 실리카 겔을 뜯었다. 실리카 겔의 알갱이 내부에는 그물처럼 구멍이 많아 물을 많이 가둘 수 있다고 신나게 이야기를 하며 말이다.

아이가 망상 구조나 염화코발트 반응을 알게 된 후로는 이 실험이 더욱 재미있어졌다. 하지만 우리는 여전히 심화 설명을 아낀다. 많은 지식을 아이 머릿속에 넣기보다는 아이가 지금처럼 즐기며 발견하기를 소망한다.

베이킹소다, 식초, 리트머스지

부엌 실험 5년 차, 아이는 살림꾼이 다 되었다. 행주에 블루베리 물이 들면 베이킹소다를 뿌릴 줄도 안다. 보라색 물이 연두색으로 변하다 옅어지는 것을 가만히 지켜본다. 블루베리의 안토시아닌 성분과 염기성 베이킹소다가 만나 일으키는 반응이다. 우리 집에서 적어도 이삼 일에 한 번은 볼 수 있는 풍경이다.

나는 행주 삶기를 좋아한다. 깨끗한 행주를 탁! 털어 말릴 때의 개운함이란. 흰 행주를 쓰기에 표백을 위해 과탄산소다를 넣어 삶기도 하는데, 어느 날 과탄산소다가 동이 났다. 불현듯 '행주 삶을 때 베이킹소다와 구연산을 섞어 쓰면 좋다'는 어느 블로그 글이 떠올랐다.

그런데 왜지? 베이킹소다와 구연산을 섞어 삶은 행주는 깨끗해지지 않았다. 아이에게 물었다. "윤하야, 행주 삶을 때 베이킹소다랑 구연산을 섞어봤는데 이상해. 행주가 하얘지질 않아. 과탄산소다로 삶으면 하얘졌는데."

"엄마, 베이킹소다는 염기성이고 구연산은 산성이잖아요. 둘이 만나면 중성이 돼요. 아무 효과도 없죠."

시무룩한 엄마를 어르듯 침착한 말투였다. 나는 부엌 찬장에서 리트머스지를 꺼냈다. 맞다. 그 리트머스지. 기억하실 것이다. 식초 같은 산성에서는 파란 종이가 빨개지고, 세제 같은 염기성에서는 빨간 종이가 파래지는 바로 그 종이. 우리는 부엌에 리트머스지를 두고 과일이나 비눗물 등에 묻혀보며 산성과 염기성 구분하는 놀이를 자주 했다. 즉각적인 변화를 볼 수 있어 아이가 참 재미있어했다.

구연산과 과탄산소다를 섞어 리트머스지에 찍어봤다. 산성인 구연산의 비율이 높아지면 파란 리트머스지가 빨개지고, 염기성인 과탄산소다의 비율이 높아지면 빨간 리트머스지가 파래졌다.

그리고 그 비율이 1:1에 가까워질수록 리트머스지의 색이 흐리게 나타났다. 중성이 된 것이다. 아이 말이 맞았다. 실제로 성질이 다른 천연 세제를 같이 쓰면 중성이 되어 아무 효과도 없다고 하니 참고하시면 좋겠다.

작은 부엌에서 아이는 세상 모든 물질은 그만의 성질이 있음을 알아간다. 그렇게 쌓인 경험과 지식은 아이 삶에서 요긴하게 소용될 것임을 믿는다.

"엄마, 오늘은 뭐 하고 놀까요?" 오늘도 부엌으로 들어오는 아이 눈에는 초롱초롱 별이 박혀 있다.

살 림 도 아 이 의 놀 이 가 된 다

가끔 살림을 도와주러 오시던 이모님이 계셨다. 화통하고 쾌활한 분이셨는데, 청소에 방해가 되어서인지 아이가 집에 있는 걸 못마땅해하셨다.

"남자애가 살림 건들어서 뭐 해? 주부 될 거야? 훌륭한 사람 되려면 학원에 가던가, 책을 봐야지!"

그 말씀에 수긍하지 않았다. 물론 '훌륭한 사람으로 키우고 싶어서 이러고 있습니다. 그리고 주부가 어때서요?'라고 정면 반박도 못 했지만.

아이는 두 살 때부터 청소기에 관심을 보였다. 굉음에 놀라기는커녕 청소기를 졸졸 쫓아다니며 돌려보고 싶어 했다. 무거울까 걱정했지만 웬걸, 아이는 힘이 장사였다. 그때부터 청소기는 아이 몫이 되었다.

우리는 하루에도 몇 번씩 청소기를 돌리고 가전 매장을 찾았다. 남편은 선풍기와 반대인 진공청소기의 원리를 설명해주고 아이와 같이 먼지 봉투를 갈았다. 아이가 그 작업을 좋아해서 청소기 먼지 봉투를 일주일에 두 번씩 갈아치웠던 기억이 난다.

> "이 로봇 청소기는 사이클론 방식인가요? 먼지는 비중이 크거든요. 비중이 클수록 원심력도 크니까 공기는 팬으로 나가고 먼지는 벽 쪽에서 돌아요. 필터는 스펀지 필터예요?"
>
> — 영재발굴단 중에서

아이가 관련 원리를 술술 이해했던 것, 먼지 봉투 달린 청소기와 최근 산 먼지 봉투 없는 청소기를 정확히 비교하는 것도 그런 경험이 쭉 누적된 결과가 아닐까 한다. 아이는 요즘 다이슨보다 더 혁신적인 청소기를 만들겠다며 책을 읽고 발명 노트를 적는다. 자기는 청소를 많이 해봤으니 청소기도 잘 만들거라 자부한다.

아이는 세탁기를 구경하는 것도 좋아했다. 스툴을 놓고 앉아 세탁기가 작동하는 모습을 지켜보는 아이에게 빨래의 역사, 세탁기의 원리, 옷감에 따라 세탁 코스가 다른 이유, 애벌빨래의 의미 등을 알려줬다. 아이가 드럼 세탁기에 대해 빠삭하게 알게 되었을 때 중고 가전 매장에 들러 통돌이 세탁기를 보여줬다. 드럼 세탁기만 보고 자란 아이에게 통돌이 세탁기는 새롭고 신기한 기계였다. 아이는 곧장 드럼 세탁기와 통돌이 세탁기를 비교하고 그 차이를 설명했다.

관찰력도 익숙한 것에서 싹 튼다. 그렇게 몇 년간 세탁기를 관찰하던 아이는 멀리서 세탁기 소리만 듣고도 세탁기가 지금 뭘 하는지, 몇 분 후면 멈출지를 알았다. "엄마, 이제 헹굼으로 넘어왔어요. 30분 후면 (끝났다는) 노래가 나올 거예요." 요즘도 아이는 세탁기를 관찰한다. 뭘 느끼기라도 하듯 간간이 귀나 손을 대보고, 세탁기 필터를 닦아주기도 한다.

나는 나대로 세탁실이 추우면 아이에게 담요를 둘러주고, 어두워지면 세탁기 문에 손전등을 달아줬다. 때론 조용한 음악을 틀어주기도 하는데 세탁기와 아이, 베토벤이 있는 그 풍경에 쉽게 마음을 뺏기곤 한다.

오후엔 주로 놀이를 가장한 집안일을 하는 게 우리의 일과였다. '이불을 누가 더 반듯하게 갤까, 떨어진 색종이를 누가 더 많이 모으나'처럼 아이의 경쟁심을 자극하면 반응이 쏠쏠했다.

그 외에 밀대로 하키를 하며 걸레질하기, 색깔과 크기별로 빨래 널기, 빨래통에 빨래 골인시키기, 신발 집에 보내주기(신발 정리), 재활용품 분리하기 등도 좋은 놀이였다. 이때 집안일의 '효율'을 기대하면 화만 난다. 그보다는 '효용', 그러니까 아이가 집

안일을 통해 인내심 있게 어려움에 도전하고, 협동할 줄 아는 사람으로 자라기를 기대하는 편이 나았다.

특별한 계획 없고 체력도 괜찮은 날, 아이와 집 안 사물들을 느긋하게 들여다본다. 세탁기도 코스별로 돌려보고, 서랍도 뒤져보며 아이가 원하는 것부터 하나씩, 그저 함께해 보는 것이다.

혹여 아이가 좋아하는 것이 어떻다 해도 비판하지는 않는다. 아이의 마음을 흔드는 것들은 대개 사소하지만 그걸 대하는 아이의 마음은 결코 사소하지 않기 때문이다. 아이가 수용하기 쉬운 세계가 어떤 형태인지 들여다보고, 아이가 좋아하는 것에 호기심을 가져본다. 멀고 대단한 것을 아쉬워 말고 주변의 작은 것에 최선을 다하는 것. 그것이야말로 아이의 세계를 더 크게 펼칠 수 있도록 돕는 길일 테니까.

'살림 사랑꾼' 아이 덕에 수없이 물건을 주워 나르고 분해하고 조립했다. 집안일다운 집안일은 꿈도 못 꿨다. 어느 날은 이렇게 육아하는 내가 답답해서, 어느 날은 너절한 집 안 꼴에 한숨이 났다.

돌아보니 아이는 집을 어질렀던 게 아니라 자기 세계를 펼쳐놓은 것이었다. 살림을 망가트린 게 아니라 그 물건의 이야기를 듣는 것이었다.

제 본능대로 세상을 배우며 탐험하는 중이었음을 이제야 어렴풋이 안다.

아날로그 육아, 진짜를 경험하게 하라

"과학을 어떻게 가르쳤어?"

친구들로부터 종종 받는 질문이다. 집에 실험실이 있는지, 아이가 코딩이나 로봇 학원에 다니는지 하는. 오랜 친구들은 감성적인 내가 과학 소년의 엄마가 되었음을 신기해한다. 나로서도 알 수 없는 일이다.

문과 엄마이기에 과학을 심도 있게 알려주지는 못했다. 공학도 아빠와 꼬마 과학자가 함께한다지만, 우리 일상은 첨단과는 거리가 멀다.

육아뿐 아니라 생활 전반이 그러하다. 느리고 담담한 아날로그식이다. 빠른 변화에 멀미를 느끼고 감각을 사용하기 좋아하는 내겐 육아도 아날로그 방식이 잘 맞았다.

집에는 코딩 장비나 로봇은커녕, TV도, 빔 프로젝터도 그 흔한

세이펜도 없다. 우리는 영상보다 종이를, 전자음보다 육성을 선호한다. 아이는 부엌에서 직접 실험하고, 선풍기나 토스터 등 생활가전을 관찰하며 기계에 대한 지식을 얻었다. 인터넷이 아닌 책과 카탈로그에서 정보를 찾고, 궁금한 것은 직접 찾아가 체험한다. 심심하면 텃밭을 돌보고 폰 게임 아닌 축구와 보드게임을 즐긴다.

맛집을 검색하는 대신 밥을 짓고, '슉' 배송시키는 대신 장에 나간다. 아이는 이제 채소와 과일 고르고 무게 다는 데 도가 텄다. 집에 있는 재료와 오늘의 지갑 사정을 따지는 살뜰함도 보인다.

내겐 머리든 몸이든 자꾸 써야 발달한다는 믿음이 있다. 전화기에 단축번호를 설정해주는 대신 아이에게 가족, 친구의 전화번호를 외우게 하고 마트 지하 주차장에서 주차 구역을 외워 차를 찾게 했다. 엘리베이터를 타는 대신 계단을 하나, 둘 세며 오르내렸다.

말로는 전달이 어렵거나 꼭 하고 싶은 말은 편지로 적는다. 아이가 한창 글자를 배우던 네댓 살엔 아침마다 짤막한 편지를 써주었고, 주머니나 가방에 깜짝 쪽지를 넣어두기도 했다.

심심하면 아이와 노트를 펼치고 앉아 이런저런 이야기를 써 넘긴다. 연필로 그린 단순한 이모지에도 아이는 와르르 웃음을 터뜨린다. 일곱 줄 써주고 고작 '나도 사랑해' 다섯 글자 돌려받지만 그렇게 기쁠 수가 없다.

더 많은 정보를 원하는 아이에게 인터넷 창을 열어주는 대신 함께 카탈로그나 백과를 펼친다. 느리더라도 책에서 찾고 정리하며, 책으로 알아가는 방법을 먼저 알려주고 싶기 때문이다.

집 안 곳곳엔 아날로그 시계와 달력이 있다. 그 덕에 숫자의 개념을 자연스레 알려줄 수 있었다. 시계를 유독 좋아했던 아이는 바늘을 요리조리 돌려보며 시침과 분침을 이해하고 시계를 읽고 시간을 계산하는 법을 익혔다. 아이 손목엔 전자시계나 키즈폰이 아닌 아날로그 손목시계가 당당히 걸려 있다. 다음 목표는 '손목 해시계'란다.

아이가 꾸준히 애지중지하는 아이템으로 달력을 빼놓을 수 없겠다. 나는 아이가 아기였을 때부터 아침마다 날짜와 요일을 읽어주며 말을 걸었다. 아이 다섯 살까지, 우리 집엔 부엌 벽의 반을 차지하는 커다란 달력이 있었다. 인테리어와는 완전 무관한, '개업 10주년 기념' 따위가 쓰인 촌스런 달력이었다. 울긋불긋 숫자는 500m 전방에서도 보일 만큼 선명했고 그 아래는 절기와 행사가 빼곡히 쓰여 있었다. 시선을 강탈하는 그 존재감이란!

아이는 그 달력으로 숫자와 한글, 공휴일과 국경일, 절기 등을 익혔다. 매달 1일이면 커다란 달력을 찢어내며 온몸으로 새달을 맞이했다. 찢어낸 달력은 주사위 게임의 말판으로 사용하기 맞춤이었다.

또, 기준이 되는 숫자로부터 세로로 몇 칸, 가로로 몇 칸 움직이면 어떤 숫자가 나오는지 찾는 좌표 놀이도 좋아했다. ("11일에서 아래쪽으로 2칸, 오른쪽으로 2칸 움직이면 며칠일까요?") 이를 통해 아이는 달력의 숫자가 세로로 7씩 커진다는 것과 그것이 일주일이라는 것, 한 달은 4주라는 것 등을 자연스레 알게 되었다. 아이가 자란 요즘엔 우리 집 달력도 작고 심플해졌다. 그러나 달력 보기가 습관이 된 아이는 아침마다 달력 앞에 선다. 그리곤 오늘이 며칠인지, 이번 달이 얼마나 남았는지, 이 주의 주요 일정은 무엇인지 확인한다. 때마다 별자리와 절기를, 해마다 십이지기를 짚어보고 표기하는 것도 아이의 일이다.

내겐 디지털과 아날로그가 이런 모습으로 다가온다. 디지털은 빠르고 완벽하지만 어지간해선 추억이 되지 못한다. 반면 아날로그는 느리고 불완전하지만 감각과 스토리가 나란히 깃들기에 즐겁다.

아이에게도 아날로그가 주는 즐거움을 알게 해주려면 부모가 시동을 걸어줘야 한다. 많이 알려주고 도와줘야 한다. 느리고 번거로운 것일수록 아빠 엄마와 재미있고 따뜻하게 경험해보면 좋겠다는 생각이다. 천천히 함께 걷는 즐거움을 이때 아니면 언제 또 누려볼 수 있을까.

'아날로그가 정답이다', 그리 생각하진 않는다. '아날로그를 좋아해', 이건 우리 얘기가 맞다.

아날로그는 느리고 불완전하지만
감각과 스토리가 나란히 깃들기에 즐겁다.

스마트폰 없는 풍경

감사하게도 아이는 유치원에서 집중력 좋고 참을성이 많으며, 친구들과 무엇을 가지고도 잘 논다는 평을 듣곤 했다. 체격 좋고 힘도 센 편이지만 공격적이지 않고, 활동적인 아이지만 정적인 활동에도 강하단다.

아마도 디지털을 최소로 접했기 때문 아닐까, 조심스레 추측해 본다. 처음부터 선을 그어줬기에 아이는 유튜브나 스마트폰을 보지 않는 것을 당연히 여긴다. 영상이 없어도 불안해하거나 짜증 내지 않는다.

아이가 보는 영상은 학교에서 보는 영상, 일주일에 한 번 할아버지댁에서 보는 축구, 어쩌다 친구 집에서 보는 만화가 전부다. 아이는 이 이상을 채근하거나 바라지 않는다.

스마트폰은 공갈 젖과 비슷하다. 아이를 금방 달랠 수 있지만,

의존할수록 상황이 나빠진다는 뜻이다. 조절 능력이 떨어지는 아이에게 스마트폰을 줬다 뺐는 건 달콤한 과자를 줬다 뺐는 것보다 훨씬 나쁘다고도 한다.

영상을 통해 뭔가 많이 배우는 것 같아도 실은 그렇지 않다. 스마트폰을 주는 순간 아이들은 멍해진다. 한 정신과 교수는 "아이가 스마트폰을 볼 때 뇌는 정지해 있는 것"이라고 했다. 그리고 덧붙여 "심각한 경우 감정 조절이나 상상력 등을 담당하는 뇌의 부분이 발달하지 못하고 '파충류 뇌'로 회귀할 수도 있다"고 경고했다.

스티브 잡스가 자녀들에게 아이패드 같은 디지털 기기 사용을 허락하지 않았음은 잘 알려진 사실이다. 페이스북의 마크 저커버그 역시 사정은 마찬가지며, 빌 게이츠는 스마트폰은 물론 TV 시청도 자유롭게 허락하지 않는다. 자신이 그랬듯 그의 자녀 역시 책 읽고 사색하며 대화하는 삶을 살길 바라기 때문이라고. 육아 초기에 접했던 이들의 이야기는 여전히 강렬한 기억으로 남아 있다.

부모의 양육 스트레스가 유아를 스마트폰 중독에 빠트린다는 연구 결과도 있다. 나 역시 힘들 때 가장 먼저 떠오르는 아군은 스마트폰이었다. 그러나 스마트폰을 방패로 쓸수록 육아는 더 힘들어졌다.

영상 몇 번 보여줬을 뿐인데, 폰만 꺼내면 아이가 달려들었다. 그에 따른 죄책감과 스트레스로 또 폰을 줄 수밖에 없는 악순환의 반복이었다.

적당히 조절할 수 있다면 좋겠지만 그 '적당히'가 어렵다면, '폰 달라'는 요구가 날로 당당해지는 아이를 감당할 재간이 없다면, 디지털 기기만 보면 떼쓰는 아이 때문에 기가 빨린다면, 어지러운 모험보다 잔잔한 일상이 좋다면, 아날로그 일정을 조금씩 늘려보자. 스마트폰에 할애되는 에너지를 아껴 아이와 산책을 하고 집안일을 해보는 것이다. 묵찌빠, 제로 게임, 땅따먹기 같은 놀이를 하다 보면 뿌듯한 노곤함과 켕김 없는 마음으로 개운하게 하루를 마감할 수 있게 된다. '그냥 폰 쥐여줄까?' 하는 생각과도 점점 멀어진다. 아이와 살 부비고 움직이고 눈 맞추는 일이 아이는 물론 내게도 호사였음을, 살풋 알아가는 요즘이다.

물론 엄마가 너무 피곤해서 잠깐 영상을 보여주는 건 괜찮다고 생각한다. 규칙을 정해 어른과 함께 좋은 프로그램을 본다면 문제가 없을 테다. 우리도 지치는 날에는 20분 정도 호비 영상을 보여주었다.

그런 문제와는 별개로 '영상물' 하면 생각나는 장면이 하나 있다. 아이 세 살 때 공동 육아가 수다 모임으로 변질되어가던 과도기 즈음, 엄마들은 부엌에서 차를 마시고 아이들은 방에서 영상물을 보고 있었는데, 한 아이가 울면서 뛰쳐나왔다. 아이 엄마 말로는 아이가 영상물을 무서워해 TV만 틀면 운다고 했다. 순하고 조용한 여자아이였다. 아이 엄마는 아이를 달랜 후 '여기는 어른들 자리니까 너는 친구들과 있으라'며 아이를 방으로 돌려보냈다. 아이는 울며 방으로 들어갔다.

나에겐 어릴 적 부모님 따라 영화관에 갔다 놀랐던 기억, 뉴스를 보다 무서워 잠 못 들던 기억이 아직 남아 있다. 그래서 영상 노출에 더욱 민감한 편이다. 어른들이 잘 몰라서 그렇지 미디어는 결코 온순하지 않다.

이처럼 남들은 괜찮다지만 나에겐 별로 괜찮지 않은 것들이 있다. 내 경우 무분별한 스마트폰 사용이나 TV 시청 같은 것들이 그렇다. 몇 년째 TV 없이 살고 있지만 사는 데 전혀 지장이 없다. 오히려 TV를 끈 그날부터 내 삶이 켜졌다고 생각한다. '나에게 괜찮지 않은 것'에 소진되는 경우만 줄여도 마음은 산뜻해졌다.

한 연구에 따르면 '스마트 기기보다는 아날로그 환경이 아이의 발달 과정에 적합하다'고 한다. 전문가의 말은 거들 뿐, 사실 우리 모두 잘 아는 사실이다. 소박한 아날로그 생활은 육아의 스케일을 줄이고 아이에 대한 내 욕심과 번민을 낮춰주었다. 반면 그 안에서 잘 자라나는 아이를 보며 선한 마음, 멋진 취향, 좋은 태도를 가진 '행복한 생활인'이 되었으면 하는 바람은 자꾸만 커져간다.

'그냥 두어도 잘 굴러가는 하루' 만들기

인턴과 회사 생활을 모두 비서실에서 했다. 상사의 시간표를 분 단위로 쪼개고 나열하고, 또 공유해야만 했다. 그러던 어느 날 문득 궁금해졌다. "이렇게까지 해야 하나?"

그렇게 빡빡한 일정의 숲을 헤집고 다니다 엄마가 되었다. 그토록 원하던 규칙도, 규율도, 시간표도 없는 순백의 하루가 내 앞에 던져졌다. 짧은 놀이가 끝나자 아이가 칭얼댄다. '이제 뭐 하지? 이거 어쩌지?'

아, 이 절체절명의 긴박감이란. 자유롭고 싶은데, 둥둥 떠있긴 싫은 두 마음이 복잡하게 얽혀 든다. 누가 나 대신 시간표 좀 짜 줬으면.

그때 우리에게 필요한 건 적당한 계획이었다. 그리고 그것을 습관으로 굳히고도 싶었다. 습관적으로 하는 일에는 에너지가 덜

들게 마련이니까. 아이가 좋아하는 것과 아이에게 필요한 것 몇 가지를 추려 책 읽기와 놀이가 근간인 우리의 일상에 얹어보았다. 아이의 눈빛을 살피며 조금씩, 천천히 다져나갔다. 책육아, 부엌 실험실, 아날로그 육아, 동네 육아…… 모두 그렇게 5년 이상 매일 꾸준히 진행된 것들이다. 다양한 것을 두루두루 다 잘 하는 아이는 아니다. 다만, 매일 '조금씩', '꾸준히' 한 것들을 잘한다. 익숙해진 것은 잘하게 되고, 잘하게 된 것엔 자신감이 붙은 덕일 테다.

수학 문제집 풀기

아이는 연산 문제집을 3년 반 동안 매일 풀고 있다. 분량이나 시간은 정해져 있지 않다. 하루에 다섯 장 푸는 날도 있고 한 문제 푸는 날도 있다. 심지어 검사도, 채점도 하지 않았다. 그랬더니 아이는 스스로 검토하며 틀린 문제를 가려낸다. 이제는 습관이 되어 혼자서도 척척 풀지만 처음 1년 반은 매일 엄마와 역할 놀이를 하며 문제를 풀었다. 30분 역할 놀이에 덧셈 문제 하나……. 왠지 밑지는 느낌에도 문제집을 매개로 많이 놀아줬다. 문제집에 그려진 그림마다 캐릭터 부여하고 스토리를 짜서 아이에게 말을 걸었다. 몇 달간은 아이가 하고 싶어 하는 문제만 띄엄띄엄 풀기도 했다. 그러자 정이 붙었는지 아이는 어디서든 문제 풀이(=역할 놀이)를 하고 싶어 했다.

한 단계가 끝나면 책거리를 축하하며 떡이나 아이스크림을 하나씩 안겼다. 습관 만들기에는 '좋은 느낌'만 한 게 없으니까. 그렇게 매일 한두 쪽씩 풀었더니 속도를 내지 않았음에도 단계가 올라갔다.

아이가 복잡한 암산을 술술 해내는 것도 '매일 조금씩'의 공일 테다. 하루에 한 문제를 풀었다 쳐도 3년이면 1095문제를 푼 셈이다. 암만 느려도 멈추지만 않는다면, 앞으로 나아간다는 사실을 다시 한번 깨닫는다.

유아기는 공부를 '하는' 시기가 아니라 공부 습관을 '만드는' 시기다. 이때 중요한 건 부모가 욕심을 버리고 단순해져야 한다는 점 아닐까? 뭐든 단순해야 오래간다.

아이는 3년간 한 문제집만 풀었다. 아이가 잘한다고 문제집 수를 늘리거나, 지겨워한다고 문제집을 바꿔주지 않았다. (8세에 사고력 수학이 추가됐다.) 어느 문제집이라도 좋으니 한 권만 꾸준해 보면 좋겠다.

역할 놀이의 흔적인 문제집 수십 권은 차곡히 모아두었다. 영광의 트로피는 아니다. 다만 훗날, 이것이 우리가 매일 천천히 쌓아 올린 탑이었음을 기억하기 위함이다. 아이는 유년의 날들을, 나는 나의 초심을 떠올리며 미소 지을 테다.

칠교

역시 3년 넘게 진행 중이다.

언젠가 책에서 보고는 좋은 교구인 것 같아 아이와 천천히 해보기로 마음먹었다. 블록이나 퍼즐을 즐기지 않는 아이이기에 무리하지 않고 매일 한 가지 모양을 만들어보게 했다.

두세 살 아기들도 할 수 있는 1단계만 1년을 넘게 했다. 그리고 몇 가지 간단한 모양이 들어 있는 2단계를 2년 넘게 매일 반복했다. 아이가 단계를 업그레이드 해달라 할 때마다 나는 "조금만 더 해보자"며 아이를 얼렀다. 칠교를 잘하는 아이가 아니었기에 섣불리 단계를 높이면 어렵다고 포기할 것만 같았다. 새로운 단계에 도전하기보다는 익숙한 것을 반복하며 감각을 익힐 필요가 있었다.

최근엔 아이가 진지한 얼굴로 업그레이드를 요구하기에 큰맘 먹고 3단계를 구해줬다. 몇 해 전, 1단계도 쉽지 않던 녀석이 이제는 꽤 어려운 3단계도 단숨에 척척이다. 난해한 부분이 있어도 당황하거나 화내지 않고 조각들을 맞춰나간다. 차분히 하다 보면 된다는 걸 아이는 잘 알고 있다.

유달리 칠교를 어려워하던 아이였다. 잘하고 싶은 마음도 커서, 마음대로 안 되면 종일 떼를 썼다. 칠교 하나 맞추다 울며불며 반나절을 보냈다. 그때 힘들다고 포기했다면 이 모습을 볼 수 있었을까?

아이는 너덜너덜해진 2단계 칠교책을 버리지 말아달라며 책장에 꽂아둔다. 그때 알았다. 눈물 콧물 다 묻은 칠교책이 결국 녀석의 소중한 추억으로 남았구나. 하긴, 2년 넘게 매일 만지던 것이니 정들만도 하다.

종이접기

아이는 종이접기를 좋아하지 않았다. 종이접기로 소근육, 나아가 두뇌가 발달한다는 전문가들의 글을 보면 마음이 덜컹하기도 했지만, 안달하진 않았다. 소근육 발달에 도움이 되는 활동은 그 외에도 수만 가지나 더 있으니까. 세상엔 다양한 방법이 존재한다.

아이는 일곱 살이 되어서야 비행기를 접기 시작했다. 그러나 고수 친구들에 비하면 '잘' 접지는 못해 스트레스를 받곤 했다. 아이와 나는 종이접기 책을 사서 매일 비행기만 수십 개씩 접기 시작했다. 다른 건 엄두도 못 내고 1년 가까이 비행기만 접었다.

그런데 어느 날 부턴가, 비행기만 골백번 접던 녀석이 복잡한 팽이니 학이니 하는 걸 나보다 더 잘 접는다. 무엇이든 처음부터 잘하기를 기대하지 말고 조금은 느긋하게 바라볼 것. 아이가 접은 종이비행기들을 보며 되뇌본다.

구구단 송

태교 때부터 지금까지, 구구단 송을 제법 불러줬다. 어제는 9단을 불렀고 오늘은 3단을 불렀다. 아는 동요가 동이 나면 자신 있는 구구단 송을 열심히 불러줬다. 아이 재울 때, 계단 오를 때, 청소할 때……. 읊조리듯 반복하면 무슨 주문처럼 마음이 편해지는 것이, 특히 아이 재울 때 효과가 아주 좋았다.

그렇게 별 기대 없이 불러만 줬는데, 아이가 네 살이 되자 구구단을 외우기 시작했다. 신기하게도 그냥 외우는 게 아니라 2단은 숫자가 2씩 커지고, 3단은 3씩 커지는 그 원리를 알고 있었다.

내친김에 화장실 문에 구구단 표를 붙여줬다. 다섯 살 무렵, 5년간 들어온 노래와의 시너지 때문인지 아이는 곱셈을 술술 활용하기 시작했다. 그럼에도 연산 문제집의 곱셈 단계를 앞두고는 이걸 어떻게 설명해야 할지 간담이 서늘해졌다.

다행히 별다른 설명이 필요 없었다. 아이는 교재의 간략한 예시만 보고도 곱셈을 차분히 풀어냈다. 생활 속에서 오감으로 숫자를 가까이하게 해주었더니 아이 스스로 그것을 보고, 생각하고, 의문도 가져보며 나름의 논리와 활용 방식을 만들어갔다.

연산 문제집, 칠교, 좋아하는 단어 하나씩 써보기. 아이가 매일 해야 하는 일은 이게 전부였다. 이마저도 컨디션이나 스케줄에 따라 조절됐다. 아프거나 기분이 좋지 않은 날, 멀리 가는 날은 양을 줄였다. 그러나 웬만해선 빼먹거나 내일 할 일을 미리 당겨서 하지 않았다. 아이가 놀고 있을 때 "이거 해라" 들이밀지 않고, 심심해할 때 "엄마랑 같이 해볼까" 하며 다가갔다. 뛰어노는 아이를 붙잡아 책상에 앉히는 건 부자연스러운 일이다. 하지만 실컷 놀리던 아이가 어느 날 갑자기 스스로 책상에 앉기를 바라는 것 또한 억지 아닐까.

습관이 된 일은 아이에게도 어렵지 않다. 아이는 뛰놀고 책 보는 중간중간 책상에 앉아 제 할 일을 한다. 한 가지를 하는데 5분이 채 걸리지 않아서, 내가 책 한 쪽 읽거나 빨래를 접는 사이 두어 가지를 끝낸다.

이전의 길고 무질서하던 하루가 습관을 들이곤 알차게 반짝이기 시작했다. 그냥 두어도 잘 굴러가는 보드라운 일상이 되어 가만가만 흘러간다.

말 이 필 요 없 는 , 벽 보 육 아

아이에게 알리고픈 내용 전달은 '벽'을 적극 활용했다. 지도와 물의 상태 변화에 관한 벽보는 부엌에, 한문 벽보는 거실 벽장에, 구구단 벽보는 화장실 문에 붙여두었다. 조용히 '거기 있어 주는' 것이 벽보의 역할이기에 그것들을 활용해 무언가를 억지스레 가르치지는 않았다. 우리 집 벽보들은 모두 3~4년 동안 그 자리를 지키고 있다. 아이 인생의 반을 함께한 선생님이자 친구들이다.

아이의 네댓 살은 역할 놀이와 바깥 놀이가 한창인 시절이었다. 파닉스가 끼여들 틈은 어디에도 보이질 않았다. 아쉬운 대로 알파벳 벽보를 안방 화장실에 붙여두고 아이가 앉아 있을 때 단어를 하나씩 짚으며 읽어줬다.

그 외엔 주차장에서 차 이름 읽어주고, 책 제목을 짚어주는 게 다였다. 그렇게 2년쯤 지난 여섯 살 어느 날, 아이가 ORT 2단계를 읽어내는 것이었다. 단순하고 짧은 책이었지만 신기했다.

눈이 휘둥그레진 나는 아이에게 어떻게 영어책을 읽게 됐는지 경위를 물었다. 아이도 모르겠단다. 그냥 매일 보던 벽보의 'apple, bear, cat, dog……'이 어느 날부턴가 읽어졌다고. 옳거니 싶었다. 단서는 벽보였다.

우리 집 부엌엔 벽보가 두 장 붙어 있다. 그중 하나가 대한민국 지도다. 내가 부엌일을 할 때 옆에 서서 지도를 보던 아이는 지역 특산품과 도시 이름을 나보다 더 잘 알게 되었다. 나도 지리를 꽤 많이 안다고 자부했는데 4년간 매일 지도를 본 아이를 이젠 이길 수가 없다.

초반에 지도가 무엇인지 알려주고, 책에서 본 지명을 함께 찾아보고, 아이가 갔던 곳에 표시해두는 등 작은 노력을 기울이자 아이는 금세 지도와 친해졌다.

요리하다 조용해서 돌아보면 아이는 부엌에 붙어 있는 벽보를 보고 있었다.

"주전자에서 나오는 수증기, 저건 '기화'죠? 여기 써 있어요!"

통통한 손가락으로 벽보를 짚으며 말했다. 그림 속 현상이 눈앞에서 벌어지니 벽보를 보기만 해도 머리에 쏙쏙 들어오는 것 같았다.

응고, 융해, 액화, 기화…… 아이는 부엌에서 벽보 내용을 이해하게 되었다. 아니, 그 내용이 아이에게 스며들었다는 게 더 어울

지도가 좋다는 아이 말에 주방에 세계 지도와
우리나라 지도를 붙였다. 내가 부엌에서 동동대는 동안
아이는 지도를 보며 먼 나라의 이름을 입안에서 굴려보고
지방 도시들에 대해 묻는다. 너의 즐거움 앞에
하얀 벽이 다 무슨 소용일까 싶었다.

리는 표현일 터다.

화장실에 붙은 구구단 벽보의 활약도 대단했다. 몇 년간 매일 구구단 표를 본 아이는 표에서 구구단 원리는 물론 '짝수 × 어떤 수의 합'의 결과는 항상 짝수이고, '홀수 × 홀수'의 결과는 항상 홀수가 된다는 것, 9단은 각 자릿수의 합이 항상 9가 된다는 것 등을 발견했다. 말 없는 벽보로부터 많은 걸 배운 셈이다.

3~4년 차 우리 집 벽보들은 이제 노장이 되었다. 여기저기 변색되고 너덜너덜해졌다. 그러나 그대로가 좋아서, 테이프가 붙어 있고, 낙서도 되어 있는 걸 새것으로 바꾸지 않고 있다. 깨끗한 새것도 좋지만 아무래도 오래 본 것이 더 정답다.

미니멀리즘이 유행인 요즘은 벽보 붙인 집을 찾기가 어려워졌다. 솔직히 나도 집을 촬영하는 날이면 너덜너덜 알록달록한 벽보들을 뗄까 말까 고민한다. 그럼에도 뗀 적은 없다. 마치 식물처럼, 생활 한가운데에서 말없이 무언가를 전하는 벽보가 좋아서다.

하지만 과유불급도 잊지 않는다. 벽보를 너무 많이 붙이거나 자주 바꾸면 아이는 어디에도 집중하지 못한다. 여러 토끼를 잡으려는 욕심은 내려둔다. 아이가 하나라도 제대로 보고 느끼고 즐기고 익혔다면, 벽보는 제 몫을 다 한 셈이다.

멀 리 안 가 는 동 네 육 아

아이가 어릴 땐 최대한 조그맣고 단순한 생활을 했다. 아파트 화단이 아이 놀이터였고 유모차 끌고 하는 산책이 내 오후 휴식이었다.

그런데 아이 개월 수가 더해질수록 체험전, 공연, 수업…… 나가서 해야 할 일이 제곱으로 늘어났다. '아는 엄마'들도 생겼다. 초반엔 뭣도 모르고 그들과 팀을 짜 여기저기 다녔더란다.

아이와의 외출은 떠들썩하고 특별해야 한다고, 그래야 즐거운 거라고 믿었던 건 왜였을까. 무슨 상관 계수라도 있는 건지, 집에서 멀어진 거리만큼 사람들의 입꼬리는 올라가 있었다.

하지만 아이는, 단체로 멀리 가는 것보다 엄마랑 집 근처 어슬렁대는 걸 더 좋아했고, 문화센터에서 장난감을 만드는 것보다 동네에서 솔방울 줍는 데 더 열심을 냈다. 그즈음에서 아이와 나는 동네로 복귀했다. 조그맣고 단순한 생활로.

'아이와 걸어갈 수 있는 곳'까지가 우리의 외출 반경이었다. 아파트 화단, 뒷산 약수터, 동네 놀이터…….

꼭 해야 할 일도, 가야 할 곳도 없는 마음은 홀가분했다. 해가 지도록 정류장에서 노선표를 구경하거나, 걷다 배가 고프면 밴치에 앉아 도시락을 먹었다.

날씨와 계절에 따른 사람들의 옷차림, 가게 디스플레이의 변화도 아이에겐 재미난 볼거리였다. 같은 곳만 다니면 아이가 지루해할 줄 알았지만 웬걸, 아이는 늘 보던 풍경을 매일 재발견했다. 그 몇 년 동안 아이의 감각과 관찰력은 눈에 띄게 섬세해졌다.

밖은 천지가 이야깃거리이니 아이에게 말 건네기도 한결 쉬웠다. 아파트 안내 표지판을 보며 '시원이네 집은 어디일까?' 묻기도 하고, '이건 강아지풀이야. 강아지 꼬리를 닮았지?'라며 아이 손등을 간질여주기도 했다.

아이가 자라며 우리의 외출 반경도 넓어졌다. 우리는 아파트 단지를 벗어나 예술의 전당, 골목 자판기, 주유소, 정비소 앞에서 몇 시간을 보냈다. 엘레베이터 홀릭 시즌엔 옆 동네 엘레베이터까지 타보며 비교했고, 수도꼭지 홀릭 시즌엔 동네 건물에 있는 화장실들을 다 돌아봤다.

기웃거림과 기다림은 지루했지만 벅적한 체험장에서 들고 뛰는 것보단 할 만한 일이었다. 익숙한 곳에서 아이 관심이 다른 곳에 쏠린 동안 나도 한숨을 돌릴 수 있었으니까.

그보다 감사한 건, 동네 골목 안에서 아이가 많은 것을 배웠다

꼭 해야 할 일도, 가야 할 곳도 없는 마음은 홀가분했다.

는 점이다. 과일 가게에서는 귤과 백리향의 차이에 대해 배웠고, 철물점에서는 각종 공구의 이름과 쓰임에 대해 배웠다. 어느덧 우리는 동네 구멍가게들의 단골이 되어 있었다. 개중엔 아이가 아니었다면 한 번도 들어가보지 않았을 가게도 많았다.

아이가 각별히 좋아했던 곳이 동네 선풍기 AS센터이다. 아이는 눈이 오고 비가 와도 센터를 찾는 열정을 보였고 사장님께서는 아이를 명예 직원으로 삼으실 정도로 예뻐하셨다. 부품에 대해 일일이 설명해주시고 고쳐보라며 고장 난 선풍기를 선물로 주시기도 했다. 물론 암만 예의를 갖춰도 아이를 귀찮아하는 분들이 계신다. 그럴 때는 섭섭해하는 대신 이해하고 조심하려 애썼다.

그래도 나는 퍽 운이 좋았다. 아이를 예뻐해주시는 고마운 분을 더 많이 만났으니. 가까이에 계셨지만, 가로수처럼 지나칠 법한 분들이 그토록 많은 이야기를 들려주실 줄은 꿈에도 몰랐다. 그렇게 이웃과 어우러지는 아이를 보며 사회성이 꼭 유치원에서만 길러지는 건 아니라는 생각도 들었다.

익숙한 무대 위에서 육아 일상은 한결 부드럽고 단단해졌다. 아이 손을 잡고 걸으면 둘 사이에 희망적이고 따스한 기운이 흐르곤 했다. 그 기분은, 왜인지 먼 곳에선 잘 느껴지지 않았다. 발아래 행복이 소중한 까닭이다. 오늘도 함께 걷는 아이 어깨에 햇살이 소복소복 내려앉는다.

가족의 외출, 과학관과 박람회 가는 날

그렇다고 멀리 나가지 않거나 체험을 아예 하지 않은 건 아니다. 새로운 체험전 한다고, 남들 간다고, 유명하다고 무작정 가는 게 아니라 아이가 좋아하는 검증된 곳을 주로 찾았다. 새 루트를 뚫기보다 되새김질하듯 간 곳에 가고 또 갔다. 새로운 자극에 유연하지 못한 엄마와 궁금한 건 끝까지 파봐야 하는 아이에게는 이 편이 가장 좋았다.

과천 과학관은 1년에 네다섯 번씩 방문했다. 방문할 땐 마음을 비우고 '한 번에 하나만' 하는 마음으로 들어갔다. 과학관에 가서 두 시간 동안 '굴러가는 시간'만 보고 온 날도, 입구 놀이터에서 놀기만 한 날도 많다.

처음 1년은 어린이 체험관에서만 놀았고, 다음 해에서야 그 옆 과학탐구관으로 넘어갔다. 여섯 살엔 첨단기술관을 집중적으로

봤고 일고여덟 살엔 이 세 관을 넘나들며 봤다. 특별 전시 부스가 열리면 그것만 보고 오기도 한다. 과학관 5년 차지만 아직 못 본 곳이 더 많다.

아이가 어릴 땐 한전 전기 박물관과 낙성대의 서울특별시 교육청 과학 전시관도 자주 갔다. 아이는 이곳들을 키즈 카페보다 더 좋아했다.

인쇄 기술을 궁금해하는 아이를 위해 신문 박물관도 여러 번 찾았다. 어쩐지 매해 봄이면 가게 되는 한국은행 화폐 박물관은 볼거리도 많고, 고풍스런 분위기도 멋져서 가족 모두가 좋아하는 곳이다. 1층 카페의 맛있는 커피는 나를 위한 덤이다.

주말이면 현대 모터 스튜디오에 아이를 풀어둔다. 제품 체험이 목적인 곳이기에 부담이 덜한 곳이다. 아이는 여기서 차를 만져 보고, 질문하며 카탈로그에서 보았던 차들의 스펙을 찬찬히 확인한다. 물리와 가전에 대한 이해를 바탕으로 차의 작동 원리를 차근히 깨우쳐간다. 얼마 전 YTN 사이언스에서 촬영해 간 이 모습이 벌써 4년도 더 된 우리 집 주말 풍경이다.

사실 이런 것들은 교과서에 나오지 않는다. 무슨 대회가 있는 것도 아니다. 그럼에도 나는 이런 반복적 경험의 힘을 믿는다. 좋아서 하는 심도 있는 경험은 촘촘하고 튼튼한 그물을 만들고, 그로 인해 많은 것이 그 그물에 걸려들 테니까.

그중에서도 아이가 가장 기대하는 곳은 박람회장이다. 아이가 세 살 때부터 남편은 두어 달에 한 번씩 아이와 코엑스나 킨텍스에서 열리는 박람회를 찾는다. 남편과 아이만 가는 경우가 많은데, 가끔 나도 인심 쓰듯 끼기도 한다.

함께 다녀오면 한동안 아이와 나눌 이야기가 많아지기 때문이다. 짧은 시간, 한정된 공간에서 견문을 넓히기에 박람회만 한 곳이 또 있을까.

과학 기술 박람회, 디자인 박람회, 신소재 박람회, 학생 발명 박람회, 가전 박람회는 물론 여행 박람회, 산업 안전 박람회, 화장실 박람회, 도서 박람회, 건축 박람회 등이 기억에 남는다. 단, 애니메이션 박람회나 모터쇼는 아직 아이에게 자극적이라 판단, 보류 중이다. 베이비 페어나 교육 관련 박람회도 너무 과열된 분위기라 피한다.

"안녕하세요, 이건 뭐예요?"

"아이구, 하하하. 꼬마 대표님이 오셨네요. 이건 스러스트 베어링이에요."

박람회에서는 전문적이고 실용적인 설명을 들을 수 있어 좋다. 그래서인지 아이도 한층 차분하고 진중한 자세로 참여한다.

"이건 감속기네요. 베벨 기어인가요?"

"와, 너 몇 살이니? 멋진 꼬마 공학도네. 사탕 받아가~"

카탈로그, 기념품 등 선물만 해도 한 짐인데 거기다 과분할 정도의 칭찬과 귀여움까지 받으니, 아이는 부자가 되어 돌아온다. 중간중간 진행되는 이벤트들도 하나같이 재미있다.

그동안 아이와 다녀온 전시회의 네임텍을 모아 보니 스무 개가 훌쩍 넘는다. 그만큼 아이가 즐겁게 배우고 성장했기를 바라본다.

코엑스나 킨텍스 홈페이지에서 연간 전시 계획을 확인할 수 있다.

새로운 경험에 대한 강박 버리기

연휴마다 출국자 수가 늘었다는 소식이 들린다. SNS엔 화려한 여행지 풍광이 넘쳐흐른다. 실로 여행 권하는 사회다. 어디라도 안 가면 손해인 듯한 기분이 나만의 것은 아닐 터.

내겐 두 달에 한 번씩 '힐링 여행'을 다녀오는 지인이 있다. '힐링 여행', 이 말을 처음 들었을 때 고개를 갸웃했다. 힐링과 여행이라니, 그건 '힐링 훈련'이나 '힐링 공격'처럼 어울리지 않는 단어 조합 같았다. 사철 그을린 그녀를 볼 때마다 "정말 '힐링'이 된 거야?" 묻고도 싶었다.

안정된 상황에서 행복감을 느끼는 나에게 여행의 자극은 '힐링'과 거리가 멀다. 시차, 음식, 잠자리 등 생존을 위한 적응에만 막대한 에너지를 써야 하고 돌아와선 후유증 감당이 또 한세월이다. 아무렴, 나는 좋아하는 것에서 힘을 얻는 사람이다. 새로운 것이 아닌.

어딜 가봐도 내 살림과 잠자리가 있는 우리 집, 내가 훤히 아는 우리 동네가 제일 좋다. 대체 이 좋은 집을 왜 떠난단 말인가. 무엇 때문에 저 인파에 섞여들어야 한단 말인가. 내겐 '여행하지 않을 자유'도 있는데.

연휴면 집에서 책을 읽거나 평소와 같은 일상을 좀 더 느긋하게 보낸다. 동네 레스토랑을 찾거나 밀린 쇼핑을 하고 사우나에 가기도 한다. '연휴에 어딜 가야 한다'는 강박은 벗어난 지 오래다. 비수기를 이용해 춘천이나 양평처럼 멀지 않은 곳에 잠깐 다녀오는 정도면 충분하다.

여행이 주는 신선한 기분과 설렘은 그리 길지 않다. 짐을 정리하고 다시 일상으로 복귀하는 데 많은 에너지가 허비되니, 에너지를 충전하는 게 아니라 에너지를 버리고 오는 기분이다. 하여, 연휴엔 내일을 위한 에너지를 비축하고 숨을 고르는 데 집중한다.

언젠가부터 '아이와 단둘이 여행', '○○ 한 달 살기'가 유행이다. 거기에 고무되었던 걸까, 주변 성화 때문이었을까. 여하간 떠밀리듯 여행을 가보긴 했다. 아이 두 살 때 미국, 다섯 살 때 제주도, 여섯 살 때 일본…….

고백하건대, 어린아이와 함께하는 여행은 고행이었다. 해가 갈수록 나아지긴 했지만 두 살 때 간 미국 여행은…… 어휴, 고난행

특급 열차에 몸을 실은 줄 알았다. 친정 부모님이 동행해 그래도 편할 줄 알았는데, 아니었다. 낯선 곳에서 아이는 극도로 예민해졌고 내게만 꼭 붙어 떨어지지 않았다.

이 세상 고생이 아니라는 말. 그때 절감했다. 즐겁자고 떠난 여행인데 즐겁지 않았다. 비행기를 탄 이유도, 여행이 뭔지도 모른 채 우는 아이에게 미안해서 결심했다. 네가 좀 더 클 때까지 이런 고생을 사서 시키지 않겠다고.

지금 우리는 일상이란 잔잔한 파도를 타는 게 가장 즐겁다. 새로운 경험도 좋지만 익숙한 것을 더 깊이 관찰하고 느끼는 것도 소중한 경험임을 안다. 그렇기에 '힐링' 여행 다닐 재정과 에너지를 모아 아이가 정말로 원하는 여행에 보낼 예정이다.

그리고 마침내 여덟 살 여름방학, 아이가 꿈꾸던 유럽 여행길에 올랐다. 아이 계획대로 독일 국립 과학관, BMW 자동차 박물관, 아인슈타인의 스위스 연방 공대 등을 둘러봤다. 아이의 지성과 체력, 인내심 등이 자란 만큼 모두에게 여유롭고 의미 있는 여행이었다. 돌아와 가방을 여는데 한숨이 아닌 넉넉한 미소가 나왔다. 처음으로 그런 여행을 다녀왔다.

계절의 반복을 활용하는
아날로그 '계절 육아'

아이와 계절마다 반복하는 것들이 있다. 서울 아파트에 살던 때, 그러니까 아이 두살 경부터 시작된 것들이다. 2월 말, 겨울눈을 관찰하며 한 해를 시작한다. 보드랍게 솜털이 난 것, 단단한 비늘 같은 것 등 감촉을 느껴본다. 날이 풀리면 골목을 걷거나 뒷산에 올라가 꽃구경을 했다.

담장마다 소담한 목련, 길가의 벚나무, 이름 모를 들꽃들이 어찌나 어여쁜지 벚꽃 명소, 놀이공원 장미 축제는 잊힌 이름이 되었다. 아이와 꽃잎을 만져보고 쑥이나 냉이의 향기도 맡아본다.

4월이면 꽃잎을 압화한 카드를 만들고 딸기와 방울토마토 모종을 심는다.

첫 수확은 늘 딸기다. 올망졸망 붉은 열매 두 알을 맛본 아이는 발그레한 낯빛으로 그랬다. "따뜻하고 맛있어." 초여름 햇빛이 묻어 따스하고 달콤한 딸기의 맛. 네 유년의 맛이 꼭 그랬으면, 그런 생각 곁으로 여름이 스민다.

여름에는 습도와 강수량을 관찰한다. 뙤약볕에 집기들을 내어 말리며 지금 남중 고도가 높구나, 남반구 호주는 겨울이겠구나, 그런 이야기를 한다. 방울토마토가 올망졸망 익는 것도 여름의 일. 물 주고 잡초 뽑는 건 번거롭지만, 그 끝에 얻는 상큼한 여름의 맛이 아이의 수고를 보상한다. 적은 소출이지만 여름내 고물고물 자라는 모습을 보며 기뻤으니 수확은 덤이다.

몇 해간 마당 식물들의 한살이를 지켜보며 아이는 토마토 같은 한해살이 식물과 백합 같은 여러해살이 식물을 구분할 수 있게 됐다. 풀에서 열리는 토마토는 채소이고 나무에서 열리는 무화과는 과일임을 이해한다.

우리 집에 가을은 색으로 온다. 아이가 고른 고운 낙엽을 액자에 넣어 한 철 인테리어 용도로 쓴다. 이 무렵 산수국이나 천일홍은 말려도 색이 곱다. 언젠가 들국화를 압화해 큰 액자에 넣었는데 그 또한 예뻤다.

솔방울, 꽈리, 감, 도토리 등 열매를 집 안 곳곳에 두기도 한다. 특유의 색감 탓인지 가을에 난 것들이 품은 가을볕 덕분인지, 집 안 온도가 성큼 올라간다.

솔방울 가습기는 아이가 특히 재미있어하던 소품. 솔방울을 잘 닦아 적셔두면 머금은 물기를 증발시키면서 활짝 펴지는데, 가습 효과가 있을뿐더러 바라보는 마음도 편안하다.

무, 감자 등을 심는 것도 가을의 일이다. 늦가을, 흙을 파헤치면 비로소 모습을 드러내는 보물에 아이는 함박웃음을 지었다.

"오늘은 좋은 날~ 무를 뽑은 날~"

아이는 제 종아리만 한 무를 마이크처럼 붙잡고 노래를 불렀다. 이런 날 무전을 부쳐 먹으며 무에 관한 책을 읽어주면 기억에 오래 남을 것이다.

무를 뽑고 나면 마당이 조용하다. 겨울이다. 마당 나무에 새 모이통을 걸어두는 일로 겨울은 시작된다. 소문이 났는지 배고픈 산새 손님들이 즐겨 찾는 맛집이 되었다. (아파트 시절엔 창문에 걸어두곤 했다.) 시린 손 호호 불며 마당 소나무에 크리스마스 장식을 하는 것도 빼놓을 수 없는 겨울 낭만이다.

실내가 건조한 겨울엔 하루나 이틀 정도 소금물을 얇은 접시에 담아 결정이 생기는 모습을 관찰하기 좋다. 또, 기온이 영하로 뚝 떨어지는 추운 밤이면 아이스크림 틀에 물이나 주스를 넣어 창밖에 내놓았다. 아침에 일어난 아이는 자연이 만든 아이스크림을 맛보며 환호했다.

돋보기를 들고 나가 눈 결정을 관찰하고, 뒷동산에서 썰매를 타는 것도 신나는 겨울 활동이다. 눈과 썰매 사이의 마찰열로 인해 눈이 살짝 녹아야 썰매가 더 잘 나간다는 것(수막 현상, 되얼림 현상)을 아이는 해마다 익힌다. 모르려야 모를 수 없고, 잊으려야

잊을 수 없는 생생한 추억들이 차곡차곡 쌓여간다.

계절의 변화를 되새기기에 절기만 한 게 또 없다. 24절기를 다 챙길 수는 없지만, 동지엔 꼭 팥죽을 먹고 부럼을 깬다. 절기마다 지금 태양이 황도 어디쯤 있는지 확인한다. (네이버 메인에서 '절기'를 검색하면 그림으로 볼 수 있다.) 맛있는 음식도 먹고, 절기 공부도 하니 그야말로 일석이조다.

우리에겐 이 몇 가지가 해마다 반복되는 이벤트다. 가족의 전통이랄까. 한 계절에 한 번씩 하는 일들이지만, 매년 반복했으니 각각 대여섯 번씩은 경험한 셈이다.

이처럼 반복적으로 경험한 일에는 특별한 교육이나 많은 설명이 필요 없다. 아이 안에 쌓인 경험과 책이며 주변에서 들은 이야기들이 맞물려 스스로 깨우쳐나가기 때문이다.

매년 같은 경험을 해도 아이가 내놓는 말과 반응은 작년과 올해가 다르다. 해를 더할수록 깊고 풍부해진다. 천천히 오랜 시간을 들여 스스로 발견하는 것들이 늘어난다.

위대한 과학자, 수학자, 예술가, 철학자들은 주변에서 일어나는 현상들을 민감하게 관찰하고 그에 감응한 이들이다. 우리도 매일 반복되는 자연과 일상에 관심을 가진다면 어떤 원리를 찾아낼 수 있지 않을까? 그런 생각도 해본다.

계절은 누구에게나 공평하게 주어진다. 하지만 그로부터 무언가를 얼마나 느끼고 누리느냐는 각자의 몫이다.

청신한 봄, 푸르른 여름, 풍요한 가을, 호젓한 겨울……

나는 아이에게 계절을 선물하고 싶었습니다.

내적 동기 키워주기

아이가 어릴 땐 '물질적 보상'을 사용하는 경우가 왕왕 있었다. 말 못 하는 아기와 피곤한 엄마 사이의 불가피한 거래. 고집 센 아이가 과자 한 조각에 순순히 끌려오는 것도 신기했다. 비슷한 시기, 한 강연에서 이런 이야기를 들었다.

"물질적 보상이 꼭 나쁜 건 아니에요. 돈을 좋아하는 아이에게 공부할 때마다 현금을 줬더니 열심히 공부해서 서울대에 갔대요."

솔깃했다. 물질적 보상을 주면 육아가 쉬워질 수도 있겠구나. 구슬리고 이해시키느라 진을 빼지 않아도 될 테니 말이다. 하지만 이내 고개를 저었다. 좀 더 생각해보니 나와는 안 맞는 방법 같다. 나는 수시로 현금을 턱턱 내줄 정도로 통 큰 엄마는 못 된다. 게다가 아이가 물질적 보상에 길들여지면 부모가 사사건건 보상을 해줘야 할 것이다.

마음 약한 나는 아이와의 거래에 휘둘릴 확률이 높다. 지금은 아이스크림 하나지만 더 크면 뭘 원할지 아무도 모른다. 그런 밀당은 생각만 해도 머리가 지끈대는 것이다.

하지만 아이 스스로 내적 동기를 갖는다면, 저런 염려로부터 조금은 자유로워질 수 있지 않을까? 누구나 마음이 동하는 것에는 힘을 내보는 법이니까.

아이가 수학 문제를 풀면 기특한 마음에 비타민을 하나씩 주던 시절이었다. 어느 날인가 아이 입이 잔뜩 나와 있었다. "비타민 안 먹을래. 문제도 안 풀 거야." 달콤한 것을 포기할 만큼 문제가 어려웠는지 돌아앉은 얼굴이 뾰로통하다.

고민 끝에 "이걸 풀면 윤하가 춤을 출 텐데."라고 말했다. 아이는 어려운 문제를 풀어낸 뿌듯함에 춤을 추던 순간을 떠올렸다. 그 달콤함이 비타민과는 비할 수 없는 것이었던지, 이내 문제로 돌진한다. 아이를 움직인 건 사탕이 아닌 문제를 해결했을 때 드는 '좋은 기분'이었다.

남편은 종종 아이에게 질문을 던진다. 아이가 답을 못하거나 틀려도 정답을 주지 않는다. 아이의 질문에도 즉답하지 않는다. 영재발굴단 PD님이 이 모습을 좋아하셔서 방송에도 한 장면이 나왔더랬다.

아이: 아빠, 왜 소리는 멀어지면 작게 들릴까?

아빠: 글쎄 왜 그럴까?

아이: 소리도 파장이라서 그런 게 아닐까?

아빠: 글쎄…… 조금 더 생각해볼까?

어찌나 답답하던지! 답을 주지 않는 남편이 얄궂게 느껴지고 아이에게 답을 알려주고 싶은 마음이 풀썩댄다. 끙끙대는 아이가 안쓰러워서, 내 도움이 필요할 것만 같아서.

그러나 그건 내 생각일 뿐, 힌트나 답을 알려주면 아이는 화를 냈다.

"엄마 왜 알려줘요? 혼자 해보고 싶었는데! 거의 다 알아냈는데……."

당황했다. 왜 이렇게 화를 내지? 도와주지 말라며 화내는 아이를 어떻게 달랠지 갈피가 잡히질 않았다. 항상 궁금했다. 그게 그리 화낼 일인지.

"아이에게 왜 답을 알려주지 않나요?" PD님의 질문에 남편은 이렇게 답했다. "아이가 궁금해하고, 답을 찾아가며 얻는 즐거움을 뺏고 싶지 않았습니다."

그랬구나. 내가 끼어들어 아이의 즐거움을 빼앗은 거구나. 남편은 말한다. 단지 원리를 알게 되는 것이 아니라 스스로 깨우치

아이와 주부에게도 월요병은 있다.

주말 내내 함께한 아빠가 보고 싶은 것.

셋이었을 때의 소란과 온기가 종일 그립다.

아빠가 보고 싶은 화요일이다.

어서 셋이 되고픈, 월요일 같은 화요일.

는 것, 나아가 그 원리를 찾는 방법까지도 자기 주도적으로 체득
하는 것이야말로 가장 중요한 실력이라고. 또한, 그 과정은 매우
즐거운 일이라고.

열심히 생각하여 딱 떨어지는 답을 냈을 때의 쾌감, 그 희열과
만족감이 아이를 움직이는 동력이었다. 문제를 해결할 때마다 아
이는 내가 알지 못하는 감정에 휩싸여 반짝였다. 그 천진한 기쁨
이 나는 늘 부러웠다.

아이 스스로 답을 찾는 데 몇 달이 걸린 문제도 있었다. 아이
다섯 살 때 일이다. 아이는 배가 고픈데 죽이 너무 뜨거워 울상
이다. 지켜보던 남편이 죽 그릇을 찬물이 담긴 보울에 담그며 물
었다.

"자, 이렇게 하면 어떻게 될까?"

칭얼대던 아이가 눈을 빛낸다.

"죽이 식을 거야."

"맞아. 그런데 왜 그럴까?"

"열은 온도가 높은 데서 낮은 데로 이동하니까.",

"그래. 그러면 열은 언제까지 이동할까?"

"음……."

아이는 대답하지 못했다. 남편은 아이에게 식은 죽 그릇과 미
지근해진 대야 안의 물을 만져보게 했다. 죽을 다 먹도록 아이는
답을 말하지 못했다.

남편은 나에게 답을 알려주지 말라고 부탁했다. 차라리 문제를 그냥 잊으란다. 삼자인 나만 답답함과 사투를 벌이는 날들이 흘렀다. 그렇게 애를 태운 지 몇 달 후.

"엄마, 나 알았어요! 저번에 그 죽 그릇, 언제까지 열이 이동했는지 알겠어. 죽 그릇과 대야 속 물 온도가 같아졌을 때까지 이동한 거죠?"

"어? 어…… 우와, 어떻게 알았어?"

"내 손이 뜨거울 때, 차가운 엄마 손을 잡고 있으면 엄마 손과 내 손 온도가 같아져요. 내 손은 시원해지고 엄마 손은 따뜻해져."

죽을 먹던 날로부터 시간이 꽤 흐른 시점이었다. 수족냉증이 기승인 늦가을, 내 손이 차가워졌고 그로 인해 아이는 질문이 떠올랐다고.

영재발굴단 촬영 시 아이의 웩슬러 검사를 진행하셨던 선생님께 이 일화를 말씀드리며 "남편이 아이에게 답을 안 알려줘서 답답해요. 아이가 질문을 잊어버릴 것도 같고요." 하소연을 했더란다. 선생님께서는 웃으며 말씀하셨다.

"괜찮아요. 아이가 질문을 잊어버린 것 같아도 그렇지 않아요. 오랜 후에라도 어떤 감각이나 특정 상황을 맞닥뜨리면 다 떠올라요."

정말 그랬다. 어떤 질문은 시간의 힘을 입어 발전한다. 나도 인지하지 못하는 새에, 내 안에 쌓이는 경험과 생각을 양분 삼아 착실히 자라난다. 이렇게 자라난 질문은 쉽게 잊히지 않는 장기 기억으로 저장되어 확실한 '내 것'이 된다. 설령 정답이 아니더라도 아이 나름의 방식으로 결론에 다가갔으니 칭찬받아 마땅한 일이다. 아이에겐 문제를 다시 해석하고 바로잡을 수 있는 시간이 앞으로도 많다.

그날, 아이는 신이 났다. 달뜬 낯빛으로 종일 콧노래를 불렀다. 그제야 아껴두었던 열평형에 관한 책을 읽어주며 생각했다. 알려주지 않길 잘했어.

내적 동기를 갖게 하는 데 큰 목소리는 필요치 않았다. 시간이 걸리더라도 아이를 움직이는 내적 동력이 무엇인지 파악해보면 좋을 것이다. 물론 모든 상황에 딱 맞는 내적 동기를 성큼 알아채는 건 쉽지 않은 일이다. 아이 속을 낱낱이 들여다보는 수고가 필요하고 앞뒤 정황도 따져봐야 한다. 그러나 똑 부러지는 엄마 되기가 무엇보다 어려운 내게는 꼭 필요한 일이기도 했다. 당근이나 채찍을 꺼내고 싶을 때마다 '아이가 스스로 움직이면 내가 나서지 않아도 됨'을 떠올린다. 내적 동기의 중요성을 아는 인생 선배로서 아이에게 작은 도움이 될지도 모른다는 단서도 달아본다. 역시, 조금 번거로워도 보탤 만한 수고였다.

아 빠 의 서 두 르 지 않 는 대 화 법

  남편은 매스컴에 나오는 아빠들과는 달랐다. 레전드 아빠들처럼 아이에게 책을 읽어주거나, 재료를 준비해 놀아주거나, 조곤조곤 이야기를 들려주는 데는 통 관심이 없었다. 아이에게 책 좀 읽어달라 부탁하고 돌아서면 부자는 잠들어 있거나 공놀이를 하고 있기 일쑤였다.

  육아 초기, 남편의 특기는 단 두 가지였다. 아이 울리기와 아이 웃기기. 그의 진가는 아이와 말이 통하기 시작하며 드러났다.

  "선풍기 날개는 왜 보통의 나사와 반대 방향으로 돌려 조립할까?"

  "차축의 톱니바퀴는 엔진에서 바퀴로 힘을 전달해. 이런 원리로 작동되는 게 또 뭐가 있을까?"

  "수표교 다리는 왜 마름모 모양일까?"

많아야 삼 일에 하나. 그러나 남편은 아이가 걸려들 수밖에 없는 질문을 한다. 많은 질문은 아이를 헷갈리게 할 뿐, 뭐든 아이 마음 가는 곳에서 시작해야 탈이 없음을 남편은 잘 알고 있었다.

언젠가 차를 타고 가다 오렌지 파는 트럭을 발견한 남편이 반갑게 외쳤다.

"저 트럭 봐! 윤하가 좋아하는 오렌지가 만 원에 30개래. 한 개에 얼마지?"

처음에 아이는 심드렁히 답했다.

"글쎄"

그러자 남편이 물었다.

"3개에 1000원인 게 뭐 있지?"

"음…… 지우개?"

"맞아. 그럼 지우개는 하나에 정확히 얼마인 거야?"

"300원?"

그렇게 둘은 답의 범위를 좁혀갔다. 당장 답이 나오지 않아도 고민하여 답을 찾아갔다. 내 눈엔 그 모습이 보물을 찾는 원정대 같아 보였다.

뜨거운 여름날이었다. 얼른 차에서 내려 시원한 실내로 들어가고 싶은 마음이 굴뚝 같은데, 부자는 아예 길에다 차를 세웠다.

"350, 325……. 에이, 모르겠어!"

남편은 잘 기다리는 사람이다. 섣불리 지름길을 알려주지 않고 멈춰 서서 짜증 내는 아이를 이끈다.

"잘하고 있어. 다시 한 번 해보자."

잠시 후, 아이가 외쳤다.

"333.3333······!!!"

드디어 정답. 생각보다 긴 시간을 헤맸지만 남편과 나는 진심으로 기뻐했다. 우리는 지금 최단 코스를 찾는 게 아니니까. 나눗셈의 효용, 소수에 대한 이해라는 보물을 찾은 거니까. 땀을 뻘뻘 흘리며 차에서 내리는 부자의 얼굴엔 맑은 개운함이 어려 있었다.

남편은 낙천적이고 느긋한 사람이다. 특유의 침착함 때문일까? 아이는 왕왕 그런 아빠를 나무늘보로 표현하곤 한다. 그는 좀처럼 남의 방식으로, 세상이 권하는 속도로 움직이는 법이 없다. 자기 자신과 아이에게 잘 맞는 방법은 누구 아닌 그들 안에 있다고 믿는다. 그리고 그 믿음에 흔들림이 없다.

한편, 나는 남편과 닮은 듯 다르다. 그래서일까. 우리는 육아에 있어서도 서로의 차이를 존중하고 각자 잘 할 수 있는 부분을 맡고 있다. 내가 책육아와 정서적인 면에 주력한다면, 남편은 아이에게 인내하는 법과 논리적으로 사고하는 법을 알려준다.

엄마와 아빠는 사물이나 현상을 보는 관점도 다르다고 한다. 물론 늘 그렇지는 않지만, 대개 같은 책을 읽어줘도 나는 떠오르는 심상 등 감각적인 표현에 집중하고 남편은 '이 소방차 좀 봐.

저번에 봤던 소방차 기억나니?'처럼 아이가 좀 더 사실적, 구체적으로 생각할 수 있는 환경을 만들어준다.

대부분 엄마와 아빠는 사용하는 어휘도, 관심사도 다르다. 이 점을 잘 활용하면 대화의 폭이 넓어지고, 아이가 다양한 배경 지식을 쌓도록 이끌 수 있다. 우리는 일주일에 두어 번 저녁 식사를 하며 이야기를 나누는데 밥상에 오르는 주제는 남편이 이끄는 과학, 자동차, 기술, 스포츠 이야기부터 내가 좋아하는 예술, 철학, 역사, 문화까지 폭이 넓은 편이다.

아이가 학교에 다니는 요즘은 정치나 사회 이슈도 오른다. 하여, 남편과 나는 낮 동안 여러 관점의 기사를 주고받으며 저녁에 나눌 이야기 감을 선별한다.

며칠 전에는 남편으로부터 이런 기사를 받았다. '나무늘보, 느려도 게으른 게 아니야'. 빵 웃다 자세히 보니 출저가 과학기술정보통신부였다. 남편다웠다.

"아빠 언제 와요? 물어볼 게 생겼어."

아이가 하루에도 몇 번씩 묻는 말이다. 남편은 웃으며 '오늘은 일찍 가마' 기별한다. 오늘 저녁상엔 어떤 이야기가 오를까? 보글보글 찌개 끓이고 생선 한 손 구워 도란도란 저녁상을 차릴 예정이다. 여보, 얼른 오세요.

아 이 가 삶 을 사 랑 하 면

일상과 비일상의 경계에서 머뭇댄 적 없다면 거짓말이다. 육아서들이 일상의 중요성을 피력해도 온전히 믿지는 않았다. 그런 내가 일상에서 자란 아이의 강점을 되새긴 것은 웩슬러 검사 날이었다. 아래는 그날 쓴 일기이다.

검사를 진행해주신 선생님께서 윤하는 심리적으로 편안하고 자신감이 있는 상태이며, 지적 호기심과 욕구가 강하다고 말씀해주셨다. 그 말이 유독 마음에 남았다.

어떻게 하면 아이가 자기 삶을 더 좋아할까? 육아하는 매일 가장 열심히 헤아리던 고민이다. 그렇게 반성하고 고민하는 사이, 감사하게도 아이는 제 삶을 사랑하며 자랐다. 누구도 모르는 새에 일상과 자아, 그를 둘러싼 세계를 더 발전시키고픈 소망을 키우고 있었다. 자기 삶에 대한 자신감과 호기심도 두둑한 모습이다.

곤한 날, 꾸벅꾸벅 졸며 숙제를 하는 아이에게 재미있냐고 물었더니 그건 아니란다. "하는 게 중요하거든."라고 툭 답한다. 그 짧은 답에는 아이가 삶을 사랑하기에 내보이는 순수한 의지 같은 게 담겨 있었다.

아이의 세 살, 네 살…… 어떤 기대도 품을 새 없이 바쁜 날들이 이어졌다. 아이와 뒤엉켜 일상을 어찌저찌 헤쳐나갔다.

요 작은 것이 꼬물꼬물 뭘 한다는 게 신기해서 "엄마 주는 거야? 고마워"나 "어머, 혼자서 잘했네!" 같은 말이 자꾸 나왔다. 그때부터였지 아마, 아이의 행동이 긍정적인 방향으로 자라나기 시작했던 게.

우리가 한 거라곤 하루를 알근알근 살아낸 것뿐인데, 거기에 어떤 매커니즘이 있던 걸까? 이게 무슨 마법 같은 일일까? (실제로 작고 규칙적인 일상이 좋은 습관과 정서를 끌어온다는 것, 그리고 그것이 신경학적으로 타당하다는 건 나중에 알았다.)

답은 의외로 간단했다. 아이 스스로 그렇게 된 것이었다.

그래, 이것만큼은 확실하다. 아이가 삶을 사랑하면 그 안에서 많은 것을 스스로 불려간다. 그 훌륭함과 독창성을, 부디 경험해보시기 바란다.

내가 할 일은,

아이와 자신에게 더 많은 일상을 허락하는 것.

느긋한 마음으로

아이 스스로 제 인생을 만들어감을 응원하는 것.

지금 있는 곳에서, 각자의 모습으로

기탄없이 살아보는 것.

흐트러지기도 하고, 실수도 해보며

그저 우리로서 자연스럽게.

무엇이 더 필요할까. 다정하게 바라보고 달콤하게 웃어주면 그걸로 충분할 텐데.

"즐거운 생활?! 내 생활이네!"

예전에 내가 쓰던 교과서를 본 아이가 그랬다. 왜일까, 그 말에 내 가슴이 뛰었다.

아이가 제 삶을 사랑하면 나란 사람도 좀 더 가뿐하고 느긋한 엄마가 될 것임을 기대한다. 함께 책 읽고 별스럽지 않은 반찬을 꼭꼭 씹어 먹고 웃다 잠드는, 그런 매일의 가치를 비로소 알아간다.

내향인의 조용한 육아, 답은 일상에 있었다. 우리의 모든 살아온 날과 살아가는 날들 위에.

여름의 끝, 비가 내렸다. 원 없이 뜨거웠다.

그럼에도 건강하고 무탈했기에 감사하다.

장밋빛 인생이 따로 있나.

내게는 식구들 모여 한솥밥 식사하고,

도란도란 이야기 나누다 잠드는 지금이 장밋빛이다.

4

내향 엄마로 나아가기

힘을 빼요, 마음을 다 해

　참 억울하다. 나는 실전에 약하다. 예민한 성정 탓에 큰일 앞에선 곧잘 미끄러진다. 잠을 설치고 소화가 안 됨은 물론, 잘하던 것도 못 하고 아는 것도 틀렸다. 마치 '수능 1교시'처럼.

　나는 언어 영역을 가장 잘하던 학생이었다. 늘 나쁘지 않은 점수를 받았다. 그런데 한 달 사이에 무슨 일이 있었던 걸까. 긴장하고 걱정하느라 실전에 쓸 에너지를 모두 끌어다 써서일까, 수능 날 아침은 정신을 차릴 수가 없었다. 온몸이 얼어붙어 1교시 언어 영역 답안지를 주루룩 밀려 쓰고 말았다. 2교시는 어떻게 치렀는지, 점심은 먹었는지 기억조차 나질 않는다.

　성적표를 받고는 웃음만 나왔다. 언어 영역 점수가 가장 엉망이었다. '될 대로 되라지' 심정으로 본 과탐보다도 못한 점수였다. 『콰이어트(알에이치코리아)』의 저자 수전 케인도 비슷한 경험이 있다고 한다. 어린 시절, 피겨스케이팅 시합을 앞둔 그녀는 긴장과 압박에 잠을 잘 수 없었다. 연습 때는 잘만 했는데 시합 날엔 자꾸 넘어졌다. 그토록 자신 있고 좋아했건만 도저히 이해할 수 없는 일이었다.

그녀는 그 이유를 유명 스케이터의 인터뷰에서 찾았다. "경기 전의 긴장감 덕분에 금메달을 따는 데 필요한 아드레날린이 분출됐어요!" 이에 대한 수전 케인의 소회는 이렇다. '그 선수의 긴장은 그저 힘을 북돋워 줬지만, 내 긴장감은 숨이 막힐 정도로 강렬했다.' 둘은 그렇게나 달랐다.

아이가 태어나던 날에도 온전히 기뻐할 수만은 없었다. 부분 마취로 제왕 절개를 했는데, 얼마나 긴장했던지 마취가 제대로 되지 않을 정도였다. 아이를 낳고도 아주 오랫동안 잠을 이루지 못했다. 이제껏 긴장과 각성을 피부처럼 두르고 살아왔구나. 졸린데 잘 수 없던 밤에 든 자각이었다. 하지만 그 때문에 내 속이 어떻게 닳아가는지, 아이를 어떤 눈빛으로 보고 있을지는 따져보지 못했다.

어느 날의 나처럼 많이 지쳐 있는 사람이라면 잠시 생각해봐야 한다. '육아' 자체가 힘든 것인지, 긴장과 초조에 사로잡힌 내 마음 때문에 힘든 것인지. 내향인은 무엇보다도 가볍고 편안한 마음을 가꾸는 데 집중해야 한다. 수능 날 답을 밀려 쓴 나, 파김치 엄마였던 나는 아무 잘못이 없다. 그걸 몰랐을 뿐.

『마음을 다해 대충 그린 그림(씨네21북스)』은 하루키의 삽화가인 안자이 미즈마루의 일러스트집 제목이다. 이 묘한 제목에 대해 그는 이렇게 말한다.

"저는 열심히 하지 않아요. 이렇게 말하면 대충한다고 바로 부정적으로 보는 사람이 많지만, 대충한 게 더 나은 사람도 있답니다. 저는 그런 사람 중 한 명이예요. 반쯤 놀이 기분으로 그린 그림이 마음이 들거든요."

하지만 그의 그림 몇 점만 봐도 금세 '대충'보다는 '마음을 다해'에 힘이 실린다는 것을 알 수 있다. 그의 '대충'은 현실 회피나 부정이 아닌 지향하는 바를 위한 '최선'의 경지이자 섬세한 내공이다. 마음을 다해 대충이란 절실함과 무심함 사이에서 균형을 잡는 일이다. 적절히 힘을 빼고 거리를 조정해야만 가능한 일. 차라리 '있는 힘껏 열심히!'가 더 쉬울지도 모르겠다.

아이를 키우며 매일 시험대 위에 올라선 느낌이었다. 특히 시어른들 오시는 날, 영유아 검진 날, 동네 엄마들 만나는 날이면 수능 날 아침처럼 몸과 마음이 뻣뻣하게 굳어졌다. 모두가 자신을 채찍질하며 뛰어갈 때, 몇몇은 그마저도 웃으면서 할 때, 나는 길을 잃은 심정이었다.

그만큼 잘 해낼 줄 알았고, 잘하고 싶었다. 그러나 뜻대로 되는 건 별로 없었다. 힘이 들어가는 것 같으면 아이가 내 눈빛이나 숨소리로 그것을 단번에 알아차렸다. 마치 "엄마, 좀 더 단순해져 보세요"라 말하는 것 같았다. 산책하다가 한마디 해주고 요리하며 실험했다. 그마저도 힘들면 노래를 불러주고 가위바위보 하며 놀아줬다. 아이와 함께 내가 좋아하는 책을 읽고 집을 살피고 마당을 돌봤다. 그건 엄마표 놀이가 아니라 '엄마도 즐거운 놀이'였다.

억지로 애쓰지 않으니 일상이 편안해졌고 오늘은 뭘 할까 설레기까지 했다. 여기에 책까지 맞물려 있었으니, 설명은 책에 맡기고 나는 많이 웃으며 놀아주는 날들이었다. 그렇게 '책육아', '아날로그 육아' 등 우리만의 큰 틀도 생겨났다. 마음을 비우고 욕심을 게워낼 때마다 스모그 낀 듯 무겁고 우중충하던 아이와의 시간이 가뿐하고 투명해졌다.

돌아보니 놀이가 별건가 싶다. 소소하면 어때서, 재밌으면 그만인데. 『엄마표 놀이』, 『○살 아이 놀이』 류의 놀이책을 하나 골라 꽂히는 대로 하나씩 해보면 좋겠다. 유아기 내내 그 한 권만 파보겠단 생각으로, 그 한 권이면 충분하단 믿음으로.

잘만 활용하면 책에 나온 놀이를 다 해보기도 전에 아이가 자라 있다. 내 경우엔 놀이책 한 권에 나온 놀이 80퍼센트 정도를 반복해서 하고 나니 아이가 초딩이 되어 있었다.

미즈마루 씨의 말처럼 뭐든 '놀이 기분'으로 할 수 있다면 참 좋겠다. 불행인지 다행인지 육아의 8할은 놀이다. 눈 닫고, 귀 막고 딱 일주일만 막, 놀아보면 어떨까. 놀다가 문득 더 많이 해줘야 한다는 불안, 더 잘하고 싶다는 압박이 들 때면 이것은 놀이일 뿐임을 떠올리며.

놀다 보면 아이와 주파수가 맞는 순간이 오는데, 그 순간부터 놀이는 정말 즐거워진다. 그렇게 잠시라도 아이가 깔깔 웃고 엄마와 한마음으로 즐겼다면 충분하지 않을까. 특히 잡기, 뺏기 같은 몸 놀이를 할 때 아이 뇌는 엔돌핀과 도파민을 방출하는데, 이는 체내에 오래 머물며 긴 만족감을 준다고 하니, 놀 시간이 부족할 때 참고하면 좋을 테다.

아이와 나는 정말 되는대로 잘 논다. 뛰고 걷고 노래하는 것도, 생활하고 뒹굴고 웃는 것도 놀이라면 말이다. 필요한 준비물은 밝은 표정과 놀이를 '놀이처럼' 대하는 가벼운 마음뿐.

그렇게 놀았더니 보이지 않던 것들이 수면 위로 떠올랐다. 내심 바라던 학습 효과도 나타나기 시작했다. 어려운 수과학을 대하면서도 놀이라 생각하려 노력했고, 신기하게도 하다 보니 정말 놀이가 되었다. 내가 즐거워졌다.

언젠가 한 아이돌 그룹이 무대에 오르며 '놀자!'라 외치던 모습을 본 적이 있다. 그들은 큰 무대에 오른다고 생각하면 공연을 망쳐서 놀고 온다는 가벼운 마음으로 무대에 선다고 했다. 그러면 결과가 훨씬 만족스러웠다고. 인상적이었다. 육아하는 이에게도 그런 마음가짐이 필요하지 않을까? 마음이 자꾸 작아지거나 바

스락거린다면, 조금 느슨해져야 할 때다. 더 힘내자고, 더 잘하자고 다짐하는 그 지점에서 일단 한번 멈춰보는 것이다.

오늘의 육아에도 쉽지는 않을 것이다. 하지만 지금, 그 생각을 잠깐만 지우고 눈앞의 사랑스런 존재와 함께 웃어보면 어떨까. 1분이면 족하다는 생각으로, 팔랑팔랑 아이처럼 명랑한 기분으로.

그렇게 마음이 말갛게 개어오면 외치는 거다.

"아가야, 놀자!"

입학 전야

아이는 낯가림이 꽤 심했다. 어디서든 잘 놀고 누구에게나 방 긋방긋 웃는 아이는 아니었다. 문화센터든 음식점이든 새로운 장 소에만 가면 내 곁을 파고들어 떨어질 줄 몰랐다. 일곱 살에 만 학도로 들어간 유치원에서도 그랬다. 아이의 모든 적응에는 시간 이 필요했다.

빠른 엄마들은 아이 다섯 살부터 초등 입학 로드맵을 준비한다 는데 내겐 그럴 여유가 없었다. 여섯 살까진 '이제 뭐 하지, 또 뭘 먹이지'에, 일곱 살엔 유치원 적응에 온 마음을 쏟았기 때문이다. 겨우 한숨 좀 돌려볼까 하던 무렵, 영영 오지 않을 것 같던 하얀 봉투가 내 손에 들려 있었다. 아이의 초등 입학 통지서였다.

호방한 엄마들도 아이의 초등 입학을 앞두곤 작아진다고 한다. 워킹맘의 퇴사나 휴직도 이 시기에 몰린다고 들었다. 8세는 아이와 엄마 인생의 분수령이자, 교육과 보육이 함께 이뤄지는 중요한 시기라고.

힘들다는 엄마도, 수월했다는 엄마도 있었다. 입학 전에 뭐든 많이 배워놔야 한다며 바쁜 집만큼 학교 가면 다 배울 텐데 하고 느긋한 집도 많았다. 우린 어떨까? 알 수 없어 발만 동동 구르다 3월이 되었다.

지나 보니 괜히 마음만 바쁜 게 출산 준비 전후와 비슷했다. 실은 그리 많은 것도, 특별난 것도 필요치 않았는데.

'일상생활과 학습에 필요한 기본 습관 및 기초 능력을 기르고 바른 인성을 함양하는 데 중점을 둔다', 초등학교 1학년의 학습 목표는 심플했다. 세상에 이 말을 믿는 사람이 있나 싶겠지만…… 네, 있습니다. 저요! 특히 1학년은 기본의 기본을 다지는 시기라고 한다. 아이가 일곱 살까지 가정에서 건강히 잘 지내고 배워왔다면 '입학 준비'를 위해 따로 할 게 무엇일까? 지금까지 쌓인 아이 삶을 갈무리하면 충분하지 않을까.

아이에게 한 번 더 강조하고 싶은 것들을 떠올렸다. 집 밖에서 지켜야 하는 기본예절, 친구들과 물건 나눠 쓰고 협동하기, 차례 지키기, 인사하기, 선생님 말씀에 집중하기, 자기 물건 챙기기, 위생과 안전에 관한 이야기…… 평생 새겨도 쉽게 잊는 것들.

여기에 매일 해오던 것 – 시계 보기와 시간 지키기, 주변 정리하기, 책 읽기, 제자리에 앉아 숟가락과 젓가락으로 식사하기, 원에서 돌아오면 가방을 제자리에 두고 물통 꺼내놓기 - 등 작은 것부터 되짚어나갔다.

오랫동안 교직에 계셨던 시어머님 역시 '속도보다 기본'을 강조하신다. 공부만 잘하는 아이보다 삶의 기반이 잘 닦인 아이, 몸과 마음이 반듯하고 건강한 아이가 되라고 말씀하신다.

아이는 7세 후반부터 할머니와 매일 영상통화로 받아쓰기를 하고 있다. 공책을 펼치고 연필을 깎아놓는 단정한 마음을 가장 먼저 배웠다. 진도는 철저히 복습 위주. 매일 정확한 획순, 책상에 바르게 앉는 법, 연필 잡는 법, 문장 부호에 맞춰 글을 읽는 법 등을 익혀나간다.

1년 전, 아이의 유치원 입학을 앞두곤 잠을 설쳤던 기억이 난다. 새로운 풍경 앞에 설 때면 으레 그렇듯 긴장되고 두려웠다. 아이가 친구들과 잘 지낼지, 크고 작은 어려움은 어떻게 극복해낼지. 아이를 믿는 대신 의심했고 의심했기 때문에 걱정했다.

유치원 생활에 대한 책들을 열심히 찾아 읽히고, '이럴 땐 이렇게, 저럴 땐 저렇게' 바지런히 조언했다. "친구랑 잘 지냈어?", "오늘 잘했어?" 떨리는 마음으로 묻고 또 물었다. '엄마가 이만큼 신경 쓴다'는 걸 보여주면 아이가 안심할 줄 알았는데, 그렇지 않았다. 엄마의 거친 생각과 불안한 눈빛을 지켜보던 아이는 동요했다. 엄마의 걱정 어린 질문과 충고는 새 출발을 하는 아이에게

짐이 될 뿐이었다.

하여, 올해는 달랐다. 초등 입학에 앞서 내가 가장 공들여 준비한 것은 '미리 걱정하지 않는' 마음이었다. 입학이 아무 일 아닌 것처럼 굴었다. 저 밑에선 오만 감정이 끓었지만, 수면 위론 평온을 가장했다. 잘하라는 은근한 압박 대신 믿음직한 선생님, 다정한 친구들을 만나길 함께 기도했다. 그리곤 '잘하겠지.' 조용히 되뇌며 아이를 믿었다.

기도와 믿음.

마음이 대범하지 않은 엄마에겐 결국 그것이 최선일 테니까.

아이의 입학식 날은 햇살 속에서 개운한 아침을 맞았다. 몇 번 뒤척이긴 했어도 달게 잘 잤다. 그런 3월 2일은, 내 생애 처음이었다.

아이가 학교에 들어간 후에도 이전과 다름없는 일상이다. 아이의 처음이자 나의 처음. 하지만 지나치게 크게 받아들이지 않고 할 수 있는 일을 하며 새로운 경험을 즐기고 있다. 무엇보다 잘 먹이고 푹 재운다. 학교에서 무슨 일이 있었든 집에 돌아가면 따뜻한 음식과 포근한 잠자리가 있다는 것. 그런 안도로 아이를 응원한다.

얼마 전, 아이는 한 학기를 멋지게 마쳤다. 동시에 나도 자랐다. 인생의 계단을 오를 때마다 선명해지던 걱정의 색이 조금 연해

아이 스웨터에 돋은 보풀을 떼어낼 때,

살살 손톱을 깎아줄 때,

숟가락에 반찬 하나 더 올려줄 때

나도 꽤 괜찮은 엄마라는 기분이 들어요.

사소하지만 어깨를 으쓱여도 좋은 일.

엄마의 일은 대개 그러하지요.

소박한 손끝의 온기에 아이가 자랍니다.

졌다. 다가오지도 않을 일들을 걱정하느라 미리 지치는 일도 줄
었다. 걱정과 염려의 때를 아이에게 옮기지 말자, 매일 다짐한다.
잔잔한 마음이란 얼마나 값진가. 아이를 키우며 깨닫는다.

　3월, 새봄, 새 학기, 새 출발.

　깨끗한 새 공책에 예쁘고 다정한 이야기들만 차곡히 쌓이기를
기도한다.

불안의 온기

아이가 준비물을 잘 챙겨갔을까? 어제 그런 말은 괜히 했나? 글을 쓰는 지금도 뭔가가 불안하다. 내 안에는 불안의 불씨가 들었는지, 자동 시스템처럼 살짝만 버튼이 눌려도 따끈따끈한 새 불안이 지펴진다. "대체 뭐가 문제야? 복세편살 몰라?" 그런 말에 억눌려 있던 나의 불안은 아이를 갖는 순간 봉인이 해제되고 화력을 높였다. 삽시간에 세를 늘리며, 육아기를 관통하는 지배적인 감정이 되어버렸다. 불안해서 잡은 육아서로부터는 불안을 버리란 말만 들었다. 그거 아주 몹쓸 것이라고.

그런데 어찌된 일인지 불안은 누를수록 요동했다. 색깔과 모양이 매일 달라졌고 온도는 점점 뜨거워졌다. 그 무렵 왕왕 찾아오던 '마음이 데인 듯한' 증상은 아마 그 때문이었을 것이다. 그러나 그 불을 억지로 밟아 끄라 말하고 싶진 않다. 나는 오히려 불안도 육아의 동력이 될 수 있음을 전하고 싶었다.

불안하다는 것은 조심성이 많다는 뜻과도 같다. 적당한 불안은 위험을 지각하고 대비하는 데 도움이 된다.

어쩌면 불안 덕분에 아이도, 나도 지금껏 크게 다치거나 아픈 적 없이 잘 지내는지도 모르겠다.

아이가 아프지 않으면 엄마가 편하다. 나는 이 편안함이야말로 불안을 담보로 얻은 것이라 생각한다.

우리 부부는 아이가 자전거를 탈 때 꼭 헬멧을 씌운다. 귀찮지만 아주 잠깐이라도 그리한다. 외출 후엔 꼭 손을 씻게 일러줬고 최대한 건강한 재료로 깨끗하고 안전하게 식사를 준비한다. 집 안에서도 아이가 다칠 만한 것들은 치워두거나 그에 대한 주의사항을 정확히 알려주었다. 특히 아이가 기계나 도구를 다룰 때면 몇 번이고 점검 후 어른 곁에서만 만지게 했다. 종일 나가 노는 아이를 볼 때면 '쟤 까막눈 되면 어쩌나' 하는 불안이 들었는데, 이것은 꾸준히 책을 읽어준 원동력이 되었다.

불안은 대개 낮은 자신감에 기인한다던데, 자신감이 낮은 대로 살아보는 것도 나쁘진 않았다. 자신이 없을 때 구체적인 해결책과 대비책도 갖게 되는 법이다.

가르치는 데 자신이 없다면 좋은 선생님을 만나게 하면 되지 않을까? 놀이에 자신이 없어도 놀이책과 놀이 키트는 살 수 있다. 요리에 자신이 없다면 괜찮은 반찬 가게를 알아두면 그만이다.

이렇게 작은 실행을 하나씩 옮기다 보니 걱정 보따리가 조금씩 작아졌다. 게다가 불안에도 총량이 있는지, 아니면 거기에 드는 에너지에 총량이 있는 건지, 불안도 계속 하다 보니 지루해지는 것이었다. 그 대부분이 기우란 것도 차츰 알게 됐다. 불안한 날에도 여전히 아이는 예쁘고 햇살은 눈부시니, 그게 또 새삼 좋았다.

사실 부모의 불안은 아이의 성장만큼이나 자연스러운 육아의 한 과정이다. 부모도 모든 것이 처음인데 불안할 수밖에. 게다가 나를 뺀 온 국민이 육아 전문가인 것 같고, 매체와 기업들은 작정하고 우리의 불안을 자극하니, 불안이 깊어지는 게 당연하다.

끝내 궁금한 건 그거였다. 왜 '이만큼이나' 불안해야 하는 건지. 마침내 선을 그어야겠다는 생각이 들었다. 내가 두려워하는 것이 진정 겁낼 만한 것인지, 이게 정말 나의 불안인지, 혹시 누군가 나에게 허락도 없이 얹어두고 간 건 아닌지. 진작 한 번쯤은 확인해볼 일이었다.

그렇게 불안이 한바탕 쓸고 간 마음 밭에는 언젠가부터 말끔한 새싹이 하나, 둘 돋기 시작했다. 이윽고 얻은 것은 불안해도 포기하지만 않는다면, 이 너머로 새로운 풍경이 펼쳐질 것이란 믿음이다. 이것이 불안이 내게 남긴 온기다.

불안 후에야 얻는 온기와 고민해야만 얻는 평온이 있었다. 지금 당신 안의 뜨거운 불안도 언젠가는 알맞게 식어질 것이다. 그리하여 결국, 따스한 온기를 남겨줄 것임을 나는 믿는다.

플 라 뇌 르 처 럼

'Flâneur'는 한가로이 돌아다니는 사람이라는 불어 단어다. 이 단어를 '열정적인 관찰자'로 새롭게 정의한 이는 시인 보들레르다. 내향성 전문가 헬고 박사는 보들레르의 이 글을 본 순간 이런 생각이 들었다고 한다. '어떻게 알았지? 이건 나잖아!'

완벽한 플라뇌르에게, 열정적인 관찰자에게 군중의 중심부에, 밀물과 썰물 사이에, 일시와 무한의 한가운데 집을 짓는 일은 한없는 기쁨이다. 집에서 떠나 있지만, 어딜 가든 집처럼 편하게 느끼는 것, 세상의 중심에서 세상을 보지만 세상으로부터 숨어 지내는 것. 이런 것들은 열정적이며 독립적인 사람들이 누리는 매우 소소한 기쁨 중 일부다.

－ 로리 헬고의 『은근한 매력(흐름출판)』

플라뇌르는 목적 없이 걷는 사람이다. 그러나 그냥 걷는 것이 아니라 눈으로는 관찰하고 머리로는 사고하며 자신만의 속도로 걷는 사람이다. 그렇게 걷다 만난 것들을 그러모아 삶의 연료로 쓴다. 더러는 그림을 그리고 글을 쓰며 음악을 만든다. 이들은 도처에서 자신의 익명을 즐기며 마주치는 것들로부터 즐거움을 얻는다. 그러므로 지름길은 사양한다. 물론 그 과정에서 비구름을 만나기도 하고 외롭기도 하지만, 발견은 행복하다. 세상 속에 살지만 세상에서 잠시 비켜나 있는 존재.

어쩐지 육아하는 우리와 비슷하게 느껴졌다. 내가 아는 내향인들은 훌륭한 관찰자다. 그러나 수동적인 존재는 아니다. 다만 무대 전면에 나서기보다 배경으로 비켜설 때 더 편안하고, 행동보다 관찰을 좋아할 뿐이다. 그들에게 관찰이란 게으름도 물러섬도 아니다. 가만히 있다고 해서 가만히 있는 것도 아니다. 바라보고, 생각하고, 느끼고 있지 않은가. 그게 얼마나 힘든 일인데.

아기를 볼 때도 그렇다. 심란할수록 나노 단위로 훑을 게 아니라, 간격을 두고 바라봤어야 했다. 아기가 왜 자꾸 깨는지 몰라 수소문해봤지만 답이 없었다. 수시로 젖을 물리고, 영아 산통 분유를 사고, 전문가를 만나고, 백색소음을 틀어주고, 노래를 불러주고, 업고, 안고…… 통잠을 재우기 위해 안 해본 일이 없다. 그런데 그 시기가 지나니 알겠더라. 아이는 더워서 그랬다. 춥지 않은데 내의를 껴입히고 두꺼운 이불을 덮어줬던 게 화근이었다.

이처럼 거리가 멀어질수록 또렷해지는 것들이 있었다. 한발 먼 관찰자의 눈에만 보이는 그런 것들 말이다.

아이 서너 살 땐 최대한 많은 말을 해주고 이것저것 정해주려니 끝이 없었다. 허둥대다 지치기 일쑤였다. 그런데 신기하게도 '주변을 산책하는 관찰자'로 물러나면 그때 필요한 게 딱 보였다. 눈에 쌍심지 켜고 찾을 때는 안 보이던 것이 찾기를 포기한 순간 눈앞에 나타나는 것처럼.

다행히 재촉하지 않고 조금 물러나는 태도는 아이에게도 도움이 된다고 한다. 아이로선 스스로 생각할 시간과 시행착오를 겪을 소중한 기회를 버는 셈이니까.

객관적으로 상황을 바라보면 비효율적인 감정 소모도 줄일 수 있다. 아이와 같이 울고 싶은 순간도 영화 보듯 제삼자의 눈으로 관찰하다 보면 어느새 지나간다. 단순히 거기 머물며 순간을 그저 흘러가는 대로 바라보는 것, 마치 타인 바라보듯 내가 나를 구경하는 것. 퍽 유치하고 우습지만 별다른 방법이 없을 땐 꽤 요긴하다.

예를 들면 이날을, 밤새 우는 아이를 달래는 내 모습을 머릿속에 남긴다는 생각으로 그 순간을 대하는 것이다. '내가 그 힘든 순간을 이렇게 넘겼었지' 하는 승리의 장면으로 남겨놓고, 힘든 일이 생길 때마다 꺼내 볼 수 있도록 말이다.

몇 해 전 에르메스가 플뢰뇌르를 모티브로 전시회를 열었다.

큐레이터의 말이 인상적이었다.

"산책이 당신을 유혹할 만한 경험이 되려면 여유 있고 열린 태도여야 합니다. 어느 곳을 산책하더라도 고정관념을 뛰어넘을 수만 있다면, 플라뇌르의 훌륭한 배경이 될 수 있습니다. 플라뇌르는 여유로운 산책의 움직임, 그리고 산책이 불러일으키는 모든 감정을 포함합니다."

정말 그럴 것이다. 당신이 어디서 뭘 하든, 설령 그곳이 젖병과 기저귀가 뒹구는 육아의 한복판일지라도. ('산책'을 '육아'로 바꿔 읽어보시기를.)

엄마가 되었지만 여전한 몽상가다. 답 없는 낭만주의자다. 그렇다고 우주를 횡영한다거나, 사막을 종단한다거나, 저 너머를 탐하지는 않는다. 천사 같은 아기와 완벽한 엄마를 꿈꾸지도 않는다.

이제는 아이의 고운 머리칼을 쓸어 넘기고, 나란히 서서 설거지하는 생활의 한 조각이 나의 낭만이다. 그런 날들이 영화 필름처럼, 털실 뭉치처럼 매일 감긴다. 나중에 아이가 자라면 함께 그 털실로 짠 스웨터를 입고 영화를 틀어 볼 테다. 이보다 부유할 수는 없을 것이다.

내 면 아 이 키 우 기

누구나 가슴에 아이 하나쯤은 있을 것이다. 한 개인의 정신 속에서 하나의 독립된 인격체처럼 존재하는 아이의 모습, 바로 내면 아이다. 프로이트는 이 아이를 '한때 우리 자신이었던 어린아이로 일생 동안 우리 내면에서 살고 있다'고 표현했다.

살기만 하면 괜찮다. 방이야 얼마든지 내줄 수 있다. 문제는 이 아이가 이런 말을 건다는 것이다. '내 잘못이야. 내가 더 잘해야 해. 더 착한 아이가 되어야 해.' 아, 이 가련한 아이를 어찌하면 좋을까.

어디 내면 아이뿐일까. 아이를 키우며 떠오르는 기억과 감정들은 묻어둘수록 선명해져 갔다. 피곤에 찌든 내게 어서 이 상처를 해결해달라고, 무슨 말이라도 해보라고 아우성이었다. 컴플렉스, 트라우마…… 융이 말한 '그림자'였다. 의식과 무의식에 걸쳐 존재하며 우리의 에너지를 방해하는 컴플렉스가 존재하는 곳.

수학은 나의 오랜 컴플렉스였다. 아이에게 수학 문제집을 사주고 쉬운 문제를 냈던 건 아이가 좋아해서이기도 하지만 내 컴플렉스에서 나온 것이기도 했다. 아이 수학을 대할 때면 괴로웠다. 그만둘까 하는 생각이 자주 들었다. 그런데 불쑥, 이런 마음이 솟았다.

'괜찮아. 조금씩 해보자. 나도 해보고 싶어.' 수학 때문에 상처를 받았던, 나의 내면 아이다. 그 때문이었던 것 같다. 차근히, 아주 쉽고 느린 속도로, 마치 예민한 식물 대하듯 아이 수학을 대했다. 그렇게 아이 수학과 씨름할 때면 오래된 기억들이 하나씩 걸어 나왔다. 나는 수학을 못하는 아이가 아니었다. 경시대회에서 상도 여러 번 탔고 문제 푸는 것도 꽤 즐겼다. 초등학생 때까지는 적성 검사 결과가 이과로 나왔었다. 잊고 있던 반전이었다.

아이 옆에서 노트를 펴고 함께 문제를 풀었다. 수학 문제만 보면 날뛰는 내면 아이를 안심시키고 싶었다. '나도 할 수 있어. 별거 아니야. 잘 봐.' 노트 위로 눈물이 뚝뚝 떨어졌다. 아이 몰래 눈물을 훔쳐내며 나는 나아지고 있었다.

하지만 넘어야 할 산이 많았다. 중학교 때 칠판에 적힌 문제 앞에서 머릿속이 하얘져 몇 번인가 창피를 당했던 기억. 한창 민감한 사춘기에 느꼈던 그 극한의 수치심과 공포.

남편이 아이에게 문제를 낼 때면 더럭 겁이 났다. 한동안 문제를 내지 말아달라고 애원했을 정도였다. 아이가 문제를 틀리면 눈앞의 아이와 떨고 있는 나의 내면 아이를 동시에 달래야 했다.

"괜찮아. 다시 하면 돼. 이거 틀렸다고 큰일 나지 않아."

"문제를 이해한 것만으로도 대단한 거야."

수학은 나의 역린(逆鱗)이었다. 나는 수학 때문에 어른들을 기쁘게 하지 못하는 아이였다. 다른 과목이 100점이어도 수학이 100점이 아니면 칭찬을 받지 못했다. 모두들 내가 잘하는 것 아닌 못하는 것만 바라보는 것 같았다. '수학만 좀 더 잘하면 좋겠는데.' 학창 시절 내내 어른들로부터 듣던 말이었다.

나는 내가 수학 때문에 창피를 당했고, 원하는 만큼 인정받지 못했으며, 가고 싶던 과에 못 갔고, 그래서 꿈을 이루지 못했다고 생각했다. 수학이 내 인생을 망쳤다고. 수학이라는 이름에 내가 얻지 못한 모든 것의 이유를 지게 했다. 그리고 뚜껑을 덮어 저 깊숙한 곳에 가라앉혀 두었다.

내게서 나온 아이가 그것을 집요하게 들춘 건 이해할 수 없는 신비다. 얘는 그러려고 세상에 나온 건가 싶을 정도였다. 수학뿐 아니었다. 아이가 뚜껑을 열자 너무 많은 것이 쏟아져 나왔다. 당황했고, 괴롭고, 아팠다. 어쩌면 아이는 정말 그러려고 세상에 온 건지도 모르겠다. 그렇게 나를 비우고, 살리려고.

가장 불편하고 피하고 싶은 것, 그것이 자신의 역린이다. 하지만 인정하고 이해해서, 익숙해진 것은 더 이상 역린일 수 없다.

아이가 들춰낼수록 상처는 아물어갔다. 어느 틈엔가 나는 괜찮아졌다.

자신을 다독일 수 있는 사람이 어른이라면, 나는 지금 어른이 되어가나 보다. 놀라웠다. 그리고 그런 내가 되어 다행이라는 안도가 스몄다. 융은 감정 뒤에 숨은 그림자를 찾아 반복적으로 사고하면 긍정적인 에너지로 바꿀 수 있다고 했다. 그러나 그건 나 혼자서는 절대 할 수 없는 종류의 일이었다. 아이가 아니었더라면.

누구도 과거를 바꿀 수는 없다. 하지만 과거의 일을 다시 바라보고 그 사건에 새로운 의미를 덧입힐 수는 있다. 역린을 꽁꽁 숨겨두면 썩어 독이 되지만, 그것을 발견하고 이해하면 거름이 되기도 한다. 그래서 자신의 역린을 꺼내 보는 일은 꼭 필요하다.

언젠가 남편도 이와 비슷한 이야기를 한 적이 있다. 자신이 엄한 가정에서 자랐기에 자유롭게 자라는 아이가 부러웠다고. 처음에 남편은 이상한 고집으로 아이에게 책을 읽어주지 않았다. 자유롭게 자라나는 아이를 사사건건 통제하려 했다.

그건 아마 남편의 내면 아이가 느낀 질투 때문이었을 것이다. 하지만 이제 그의 내면 아이도 자랐다. 남편은 아이와 책 읽는 시간을, 자유롭고 대찬 아이를, 누구보다 응원하고 좋아한다.

육아하며 드는 부정적인 감정, 떠오르는 아픔, 이불 킥의 순간들을 피하지 않기를 바란다. 애써 저항하지 말았으면 좋겠다. 자꾸 바라보고, 말을 걸고, 귀 기울이면 가볍게 흩어지기 마련이니.

언젠가 일본영화 '편지'에서 엄마가 딸에게 쓴 사랑스런 편지 글을 보았다. '내가 어릴 때 엄마에게 듣고 싶었던 말들을 전부 너에게 해주고 싶었단다.' 그래, 이거구나, 싶었다. 때론 어린 날의 나를 소환해보는 것. 그렇게 하면 눈앞의 나의 아이와 아직 내 안에 자라지 못한 내면 아이 모두를 잘 보듬어줄 수 있지 않을까?

육아서나 잡지에서 과거의 나에게 보여주고 싶은 것이나 들려주고 싶은 글귀를 스크랩하는 것도 달콤한 취미다. 지난날 채워지지 못한 것들을 조금씩 채워나가는 요즘이다.

개 인 의   육 아

유행하는 비싼 옷을 입지 않아도 근사한 사람이 있다. 낡은 옷
을 대충 입었는데 싱그러운 향기가 난다거나, 몸가짐이 우아하다
든가, 좋은 영화에 대해 많이 알고 있는 사람. 이런 사람을 우리
는 스타일리시하다고 부른다. 개인의 삶을 관통하는 스타일이 멋
지기 때문이다.

내가 생각하는 육아는 '스타일'이다. 육아에는 부모 된 이의 정
신이 오롯이 담긴다. 한 사람의 태도와 가치관을 담는 가장 큰 그
릇이라고 해도 모자람이 없을 것이다. 노하우나 정보가 좀 부족
하더라도 스타일 있는 육아를 흠모하는 이유다.

바야흐로 취향의 시대다. 사람들은 입은 옷으로, 먹은 음식과
읽은 책으로, 어느 때보다 기쁘게 자기만의 시선과 방향성을 드
러낸다. 육아에서도 자기만의 스타일을 갖는 건 멋진 일인데 그

런 자부심을 가진 사람은 어쩐지 드문 것 같다. 왜인지 몰라도 육아라는 영역만 그렇게 오도카니 남겨졌다. 언제나 '남들만큼' 혹은 '남들처럼' 하는 게 최선이라고 여겨진다.

불어 전공이라 학교에서 프랑스 친구들을 만날 수 있었다. 그들은 이십 대 초반이었음에도 불구하고 각 개인의 철학과 스타일이 확고한 사람들이란 느낌이 강했다.

자기 계발서가 흥하던 시절의 일이니 10년도 더 된 이야기다. 다양한 자기 계발서를 손에서 놓지 않던 나와 달리 프랑스인 친구는 고전을 즐겨 읽었다. 왜 자기 계발서를 읽지 않느냐는 내 물음에 그 친구는 "내 생각이 끼어들 여지가 없어서"라고 답했다. 뒷말은 기억이 잘 나지 않지만 '나만의 답을 만들어내기 위해 책을 읽는 건데, 남이 주는 답을 보면 어떡하냐'는 뉘앙스였다.

그때 내가 읽던 『여자라면 ○○○처럼』류의 책 제목을 보고는 "○○○? 왜 네가 저 사람이 되어야 하는데?"라며 반감을 드러내기도 했다. 당시의 내겐 신선한 반응이었다.

최근 한 책에서 프랑스 서점에는 이상할 정도로 육아서가 보이지 않는다는 구절을 읽었다. '프랑스인들은 마치 육아의 매뉴얼 같은 것은 필요 없는 국민 같다'는 저자의 말에 그 친구가 떠올랐다. 그들은 육아를 하면서도 자신만의 스타일과 답을 찾아가고 있는 게 아닐까.

몇 해 전 유행했던 프랑스 육아법은 잘 모른다. 그러나 노하우야 어찌 됐든, 그것이 '개인의 스토리와 스타일이 있는 육아'라면 조금 부러워질 것 같기도 하다.

수많은 육아서에 의존해 온 내가 얻은 것도 결국, '육아는 개인적 경험'이라는 것이다. 홀로 좌절하고 이해하고 부딪히며 자신의 지평을 넓히는 일, 그러다가 나에게 조금씩 더 닿게 되는 일.

누구도 나와 아이를 위해 딱 맞는 밥상을 차려줄 수는 없다. 그게 모래가 반이 됐든, 겨가 반이 됐든, 결국 내 손으로 쌀을 씻어 물 맞추고 뜸 들여 밥을 지어야 한다. 남의 밥상 바라보며 숟가락만 물고 있을 수는 없는 노릇이다.

다행히 내향인은 자기가 좋아하는 밥이 진밥인지 고두밥인지 정도는 알고 있는 사람들이다. 그렇기에 주류 문화나 유행 등과 떨어져 있어도 심리적 압박을 덜 느낀다.

한편, SNS로 연결된 세상은 한층 더 조밀하다. 모두가 손을 꼭 잡고 모여 수다를 떠는 느낌이랄까. 소통이란 걸 해보고 싶어 뒤늦게 인스타그램을 시작했건만 웬만한 일은 혼자 축하하고, 혼자 삭이며 조용히 넘어간다.

유튜브는 여전히 멀기만 하다. 많은 것이 공유되고 과장되는 SNS 시대를 사는 조용한 이들은 피곤하다. 그러나 남들 다 하는 일을 하지 않는다 해서 자신의 가치가 떨어지는 건 아닐 테다.

모두의 가치관과 취향은 존중받아 마땅하다. 틀린 건 없다. 다를 뿐이다.

자 기 개 발 vs 자 기 계 발

"몇 동 누구는 요만한 애 키우며 열심히 자기 개발하더라. 학교도 다니고, 모임도 나가고, 헬스도 가고, 얼굴 시술도 받고. 윤하 엄마도 나가서 뭘 좀 해."

아이가 어릴 때, 가끔 오시던 이모님이 그러셨다. 그렇게 친절히 짚어주지 않으셔도 안다. 어딜 가나 다들 그 이야기뿐이니까. 티는 안 냈지만 속에선 작은 파문이 일었다. 왜 뭘 해야 되지? 아니, 뭘 '더' 해야 되지? 아이만 보고 있어도 얼마나 힘이 드는데. 새삼스레 '너도 남처럼 살아야 한다'는 말이 '너만 그렇게 사는 게 아니다'란 말만큼 폭력적이란 생각이 들었다.

아이 키우며 자기 개발에까지 열을 올리는 이들을 볼 때마다, 그리고 그런 말을 들을 때마다 마음 한 구석엔 구멍이 뚫렸다. 그 구멍을 막기 위한 조촐한 방편으로 아이 두 돌쯤, 미술사 수업을 들으러 나갔었다. 즐거웠다. 숨통이 트였다. 처음 10분간은 그랬다.

하지만 그 후, 우는 아이와 10분에 한 번씩 통화하며, 시들시들한 몸으로 듣는 수업은 불편했다. 그토록 좋아하는 미술사이건만, 빠져들 수가 없었다. '나 요즘 수업 들어' 한 마디에 부지런한 사람이 된 듯 우쭐했던 건 사실이지만 말이다. 아직은, 아닌 것 같았다. 나의 화려한 외출은 두 학기 만에 막을 내렸다.

아이와 씨름하다 끝내 시들어버리는 에너지 푸어에게는 사교 모임, 자격증 취득, 1인 미디어 개척, 수업 참여, 몸만들기 등이 사치처럼 느껴졌다. 선명한 이유가 있다면 모를까. 다들 어쩜 그렇게 하는 건지 나로선 그저 부럽고 신기할 따름이다. 종이 한 장 들 힘조차 없는 순간에도 육아 외 스펙 쌓기를 권유당했다. 온라인과 오프라인에서, 바람결에, 매일.

그런데 과연 그런 것들이 지금의 나를 위한 '자기 개발'이 맞을까? 왈칵 의문이 들 때쯤, 책에서 본 문장이 떠올랐다. 외향적인 사람은 돈을 벌거나 운동을 하거나 경쟁에서 이기는 등 외적 보상 활동에 민감하다. 게다가 이런 활동이 사회적 소통과 결합하면 행복의 수준이 더 높아진다고 한다. 그러나 머리와 마음의 활동이 내적으로 더 활발한 내향인에겐 이런 외적 활동이 피곤할 뿐이다.

자기 '개발'과 자기 '계발'의 차이도 짚어봤다.

- **자기 개발** 자기에 대한 새로운 그 무엇을 만들어냄. 또는 자신
  의 지식이나 재능 따위를 발달하게 함.
- **자기 계발** 잠재되어 있는 자신의 슬기나 재능, 사상 따위를 일
  깨워 줌.

출처: 국립국어원

사실 이 둘은 매우 다르지 않다. 실제로 많은 경우 같은 의미로 쓰이고 있으며, 사람들은 굳이 둘을 구별하려 들지 않는다. 하지만 조금 더 들여다보면 그 미묘한 차이가 보인다.

'개발'과 '계발'을 비교해보면 모두 상태를 개선해 나간다는 점에서 의미가 공통적입니다. 그런데 무엇을 계발해 나가기 위해서는 그 무엇은 잠재되어 있어야 하지만 개발에는 이러한 전제가 없습니다. 이러한 점을 고려하면 '개발'은 단지 상태를 개선해 나간다는 의미만 있지만 '계발'은 잠재되어 있는 속성을 더 나아지게 한다는 의미가 있음을 알 수 있습니다. '능력'이 전혀 없지만 개발하겠다고 말할 수는 있어도 계발하겠다고 말하면 어색하다고 느껴지는 이유도 이러한 의미 차이 때문입니다.

출처: 국립표준어학회

계발은 있던 것을 일깨운다는 뜻에, 개발은 새로운 무엇을 만들어낸다는 뜻에 더 가까운 듯하다. 할 수만 있다면야, 개발도 좋고 계발도 좋다. 그러나 상황이 녹록지 않다면 자기 '개발'이 아닌 '계발'부터 시작해봄이 어떨까. 내게 익숙하고 즐거운 일부터 살금살금 들여다보는 것이다.

육아로 포화된 내 감각엔 새로운 무엇이 들어갈 틈이 없었다. 거기에 깃털 하나라도 더 얹었다간 그대로 무너져 내릴 것만 같았다. 읽던 책을 곱씹고 본 영화를 돌려 보고 아는 길로만 다녔다. 그런데 육아하며 새로운 눈을 얻었기 때문일까. 여태껏 '알고 있다' 여겼던 모든 것이 그렇게 새롭고 감동적일 수가 없었다.

무탈한 하루에 감사해보는 것, 평소와 다른 느낌을 가져보는 것, 상황을 견디는 인내와 아이와 나누는 대화도, 상을 차리는 일도 마찬가지였다. 그렇게 애쓰지 않아도 언뜻언뜻 내가 보이는 일. 한 번 더 기대하고 다짐하게 하는 일. 자신을 아무렇게나 버려두지 않는 일. 결국 나를 가장 안전한 성장으로 이끄는 건, 이런 내밀한 일들일 테다.

더는 아무 때고, 아무것에나 열심을 내지는 않으려 한다. 대신 지금 내 안에 고이는 시간의 선한 힘을 믿으며, 수굿한 마음으로 나의 소임을 해나갈 작정이다. 그리고 마침내 무언가를 정말 열심히 해야 할 때가 오면 그때 힘을 내도 늦지는 않을 것이다. 지금, 엄마인 나 자신과 그 삶의 아름다움을 그냥 흘려보내고 싶지는 않다.

결국 자신만의 깊이와 속도, 빛과 어둠을 알아가는 것이 최고의 자기 계발(개발) 아닐까?

모든 노력이 그렇듯 지금 이 순간에 충실하려는 노력 또한 가치 있다. 그렇게 믿는다.

내 향 적 미 니 멀 라 이 프

물건은 많았고 아이는 어렸다. 특히 책육아를 했기에 물건을 줄이기 힘든 처지였다. 비염이란 계기가 없었더라면, 그대로 몇 년을 더 살았을지도 모르겠다. 이사하며 발 매트와 카펫, 소파 등은 치우고 아이가 쓰지 않는 물건은 아이의 허락하에 천천히 줄여나갔다. 그 덕에 조금 가벼워진 상태로 지금의 집에 들어올 수 있었다.

운이 좋았는지, 집 사진을 올린 것이 SNS에서 화제가 되어 미니멀한 집에 관한 인터뷰를 몇 번 했고, 인테리어 업체에서 주는 '올해의 집' 상까지 받았다. 그 덕에 집에 관한 글을 적다가 알게 된 건, 다름 아닌 나의 특성이었다. 나는 물건이라는 외부에 기가 빨리는 사람이라는 것. 주위가 복잡해도 아무렇지 않은 사람이 있는가 하면 나처럼 작은 것에도 곧잘 신경이 쓰이는 사람도 있다는 것.

감각적으로 거슬리는 것이 적을수록, 머릿속이 가뿐해질수록, 공간이 작을수록 마음은 편해졌다. 그리고 그것이 나의 성향임을 받아들이자 삶 전반이 간결해졌다.

억지로 애를 쓴 적은 없다. 정리엔 영 소질이 없는 데다가 정이 많아서 미련을 참으며 버리느니 끌어안고, 불편을 감수하며 사느니 물건을 들였다. 이렇게 천천히 빼고 더하는 걸음마 수준의 미니멀 라이프를 4년째 진행 중이다. 처음엔 무척 힘들었다. 다른 사람들은 뭐든 잘만 비우는 것 같은데 나는 끊어진 머리끈 하나, 바래진 티켓 하나도 큰 맘 먹고 버려야 했으니.

아이가 입던 옷에서는 아기 냄새가 났다. 이유식을 먹다 흘린 흔적도 그대로 남아 있었다. 그때 그 아기를 다시 만나지 못하는데, 이 옷을 어떻게 버려야 할지 난감했다. 직장을 다니던 시절 입던 원피스도 그랬다. 그 원피스를 입고 신나게 출근하던 모습, 남편과 데이트하던 추억이 떠올랐다. 옷 한 벌에 웬 사연이 그리도 많던지. 왜 또 그리 눈물이 나던지. 여직, 그 옷들을 끌어안고 산다.

지금도 나를 위한 정리를 할 뿐, 정리를 위한 정리를 하진 않는다. 바쁜 사람에게까지 미니멀 라이프를 충동하고 싶지는 않다. 다만 나에게 좋고 나쁜 것, 필요한 것과 불필요한 것을 구분하고 그로부터 여유를 얻는 것을 미니멀리즘의 본질이라 여긴다. 그러므로 무언가를 가지고 있을 때 편안하다면, 버리거나 바꾸지 않는다. 내 기분을 거스르면서까지 그래야 할 이유는 여전히 알지 못한다.

그럼에도, 내향적인 나에게 'less is more'인 것들은 분명히 있었다. 줄이면 줄일수록 육아하는 마음을 가볍고 명쾌하게 만들어준 것들.

조명과 소음

남향집에 산다. 낮이면 커튼을 활짝 열어 햇살을 흠뻑 들인다. 인공 빛은 피곤하게 느껴져 어두운 날에도 조명은 잘 켜지 않는다. 아이 숙제가 끝나는 저녁이면 희고 환한 불을 끄고 따뜻한 노란 조명을 켠다. 조명을 낮췄을 뿐인데 마음은 얼른 평온을 찾아간다.

소리 역시 강력한 자극이다. 특히 아이 울음소리가 얼마나 엄마를 힘들게 하는지는 연구 결과로도 나와 있다. 무방비로 내던져졌다가는 심신이 금세 너덜너덜해진다. 울음소리에 대한 대처는 아이를 갖기 전부터 꼭 필요하다는 생각이다. 부모가 될 사람이라면 24시간 울음소리가 나는 아기 인형을 가지고 마음의 준비를 해봤으면 좋겠다.

쌍둥이를 키우는 한 지인은 귀마개를 권한다. 아이들이 울 때마다 귀가 따가워 귀마개를 껴봤는데 효과가 좋았단다. 그는 우스갯소리처럼 말했지만 정말 그럴 것도 같다. 육아 중 가장 큰 위안은 고요다. TV나 라디오를 잠시 끄거나 볼륨만 낮춰도 세상이 다 조용하다.

언젠가부터 가사 있는 노래는 잘 듣지 않는다. '음악'을 듣는다면서 가사를 듣고 있었던 건 아닌지, 가사에 감정 이입을 하는 게 얼마나 피곤한 일인지 알게 되었다. 청각이 예민한 나는 어릴 적부터 가사 없는 클래식 음악을 좋아했다. 본능적으로 그게 편안하다 느꼈기 때문일 테다.

집 안을 패브릭과 나무 소재로 꾸민 것 역시 본능과 닿은 일이었다. 천과 나무는 따뜻해 보일 뿐 아니라 소리를 흡수한다. 반면 금속은 소리를 튕겨낸다. 금속이 많은 곳에선 신경이 곤두서곤 했는데 그 이유를 알 것 같다.

선택

선택과 결정 앞에서 자주 망설인다. 여러 선택지 중 '더 나은 것'을 따지다 생각의 미로에 갇혀버린다. 작은 결정에도 에너지 소모가 큰 건 그 때문이다.

하여, 아이에게도 선택의 자유를 준다며 너무 많은 답지를 들이밀지는 않는다. 이를테면 '거실 좀 치울래?'가 아니라 '책장 앞 좀 치워줄래?', '간식 뭐 먹을래?'가 아니라 '간식으로 사과 먹을래, 바나나 먹을래?'라고 좁혀서 묻는 편이다.

아이와의 하루엔 결정해야 할 일이 많다. 뭐 먹지? 뭐 하지? 누구 만나지? 어디 가지? …… 사소한 결정에 마음을 다 끌어다 쓰곤 정작 중요한 일을 해야 할 때 텅 비어버렸다. 그래서 아이와의 놀이, 힘들 때 들춰보는 육아서, 식단, 즐겨 입는 옷, 자주 가는 곳, 시간이 나면 할 수 있는 일, 지인들에게 하는 선물 등을 메뉴얼화 해두기 시작했다. 요즘은 '더 나은 것'을 찾고자 하는 욕심도 동결시켰다. 대신 백 프로 만족스럽지는 않아도 '이 정도면 충분해'라고 생각되는 지점을 찾아 그곳에 마음을 놓는다.

여유가 생기는 틈틈이 '내일의 내'가 결정을 줄일 수 있도록 돕기도 한다. 내일 아침에 허둥대지 않도록 미리 아이 옷을 준비해놓거나, 책을 골라두는 것 같은 단순한 활동도 내일의 나에게는 큰 도움이 될 테니까.

가장 힘든 건 인터넷 쇼핑이다. 인터넷 창을 여는 순간 선택의 판도라 상자가 열리는 기분이다. 그 안에서 제일 좋은 것 찾다가 열을 빼느니 차라리 선택의 폭이 좁은 매장으로 나가는 게 편하다. 인터넷 최저가 검색할 시간에 적당한 가격에 사고 잠을 자는 쪽을 택한다.

스케줄

삶의 속도가 많이 느린 편이다. 빈틈없이 빠르게 사는 걸 잘 못한다. 그런데 아파트 입구에 줄지어 선 승합차들을 보면 나도 모르게 호흡이 빨라졌다. 우리 아이가 놀이터 그네와 시소 사이를 오갈 때, 여러 개의 가방을 든 아이들이 학원 스케줄 사이를 뛰어다니는 것을 볼 때도 그랬다. 다수가 주는 압박감이란 얼마나 강력한지 이유도 없이 거기에 끼여야만 할 것 같았다.

그러나 그리하지 않은 건, 느린 속도와 빈틈이 주는 풍요를 좋아하기 때문이다. 빼곡한 스케줄이 어떤 면에선 더 경제적이고 생산적일는지도 모르겠다. 하지만 내게 그건, 스스로 시간을 채워가고 방향을 정해 길을 찾는 능력을 잃는다는 말과도 같아서.

나는 아이에게 시간을 선물하기로 했다. 꽉 짜여진 시간이 아닌 한아함 속에서 자신의 세계에 빠져 멈추어지는 시간, 그 순간이 바로 잠깐 신선놀음에 도끼가 다 썩어 있었다는 '신선의 시간'일 것이다. 몇 번만 빠져들어도 아이는 훌쩍 자라 있었다. 자기가 좋아서 한 일을 최대한 해본 경험은 귀한 바탕이 된다. 좋아하는 것을 맘껏 누릴 수 있는 유년기가 그리 길지 않음이 유감이다.

멘토와 레퍼런스

초인간적인 몇몇이 육아의 롤 모델이던 시절이 있었다. 요즘은 SNS 속 '옆집 엄마, 아빠'가 우리의 멘토이자 롤 모델이다. 모두가 저마다의 채널을 열고 확성기를 들어 자신의 방법을 외친다. 놀이법, 대화법, 코치법, 심리 분석 등 부모 교육법도 쏟아지고 있으니 보고 들을 게 많아도 너무 많다. 거기에 며칠 메어 있다 보면 아이가 볼멘소리를 했고, 그제야 정신이 번쩍 들었다. 이 엄청난 파도에 무작정 휩쓸리지 말고 내게 잘 맞고 꼭 필요한 정보를 주는 이를 골라 그에게 집중해야 했다.

작은 네모 속의 '옆집 부모'들은 허무할 정도로 쉽게 우리의 담장을 넘고 머릿속에 들어와 머문다. 무의식과 생활 전반에 엄청난 영향을 미친다. 그러니 깐깐하게 고르지 않을 이유가 없다.

이제는 유명하다고, 용하다고(?) 누군가를 무턱대고 따르지 않는다. 한 번 훑고 몇 주 이상 생각이 나거나 적극적으로 배울 점이 있다고 판단이 되는 사람만 눈여겨본다.

책도 그렇다. 이 책을 쓰기 위한 레퍼런스로 수십 권의 책을 샀지만 다 읽지 못했다. 읽어야 할 책이 쌓이자 눈앞이 그만 캄캄해진 것이다. 결국, 책상 위를 정리했다. 지금 내 책상엔 가장 도움이 되는 책 두 권만이 올라와 있다. 아쉬워도 어쩔 수 없다. 물건뿐 아니라 다양한 면에서 자신의 용량을 아는 것은 꼭 필요한 일이다. 어쩌면 육아기에 필요한 심플함이란 모양새가 아닌 마음가짐에 가까울지도 모르겠다.

공간의 힘

'영재들의 집에 숨겨져 있는 비밀은?! 영재발굴단에 소개되어 화제가 되었던 꼬마 과학자 윤하. 백 마디의 말보다 큰 공간의 힘을 느꼈다는데! 윤하네 가족은 서울의 대단지 아파트를 떠나 경기도 외곽의 한적한 동네로 이사 왔다. 이곳에서 가장 먼저 달라진 건 다름 아닌 아이의 행동. 반짝반짝~ 보고 만질 것 천지였던 복잡한 도시를 벗어나니, 아이는 자신의 속도로 한 가지에 오롯이 집중할 수 있는 힘을 갖게 되었다!'

얼마 전 SBS 스페셜 '내 아이, 어디서 키울까? 2부 공간의 힘' 편을 촬영했다. 첫 인터뷰는 아파트에서 타운 하우스로 거주지를 옮긴 삶에 대한 이야기로 진행이 됐다. 1부를 보신 분들은 아시겠지만, 방송의 큰 맥은 '아파트 아닌 다양한 거주 스타일'을 소개하는 것이었다.

그런데 나는 좀 다른 걸 말하고 싶었다. "꼭 아파트를 떠나서라기보다는, 공간의 모습이 바뀌면서 아이에게도 변화가 있었어요. 공간이 제 백 마디 말보다 힘이 셌어요." 그 얘기를 들은 피디 님은 좀 더 생각해보겠노라 전화를 끊었다. 방송의 2부는 그렇게 결이 조금 바뀌었다.

타고난 집순이라 집에 대한 고민을 늘 한다. 의, 식, 주 중 가장 신경 쓰는 것은 단연 '주'다. 단순히 머무는 장소를 넘어 나를 좋은 방향으로 이끌고, 나란 사람이 투영되는 순진무구한 공간을 꿈꾼다. 먹은 것이 몸이 되듯 눈으로 흡수한 것 역시 우리에게 어떻게든 영향을 미치리라 믿는다.

아이를 강하게 이끌지 못하는 성격에, 아이에게 뭐가 최선인지도 모르니 기댈 건 공간뿐이었는지도 모르겠다. 서울에 살던 시절. 아이는 늘 흥분한 것처럼 보였다. 왜인지 붕 떠 있는 것 같기도 했다. 그때도 아이는 책 읽고 실험하는 걸 좋아했다. 그러나 이것 조금 하다, 저것 조금 하다 쉽게 짜증을 내는 모습이 마음에 걸렸다. 눈길도, 집중력도, 마음도 손쓸 새 없이 흩어졌다.

돌이켜보니 아이 눈에 반짝이는 게 너무 많았던 것 같다. 집 안과 밖, 모든 곳이 아이를 흥분시킬 만한 시각적 자극투성이였다. 지금 집으로 이사하며 짐을 줄이고, 여백을 드러내고 가구의 질감과 톤을 통일했다. 그러자 아이는 공간을 닮아갔다. 공간이 담백하고 순해졌을 뿐인데, 찬찬히 자기만의 속도와 방법을 찾아가기 시작했다.

느리고 조용한 분위기에는 사람의 마음을 지속시키는 힘이 있다. 좋아하는 것을 끝까지 파고드는 몰입도, 원하는 만큼 기계를 분해하고, 차분히 책을 읽고 생각하는 것도, 모두 이곳에서 경험한 것이다. 환경이 바뀌며 드러난 아이의 새로운 모습은 놀라웠다. 확 달라졌다기보단 아이 안에 감춰져 있던 어떤 모습이 서서히 배어 나온 것 같아 더 좋았다.

방송이 나간 후 주거 공간에 대한 이런저런 고민이 쏟아졌다. 특히 서울 아파트에 사는 분들의 한숨 소리가 컸다. 그러나 방송에서 말하지 않았을 뿐, 서울의 벅적함과 물건 많은 집의 장점이 없었던 건 아니다. 전출입자가 많은 대단지 아파트의 폐품함에는 매일같이 가전제품이 나와 있었다. 그곳이 아이의 보물 창고였다. 집 안엔 가재도구와 물려받은 장난감이 그득했다. 그 안에서 아이는 매일 호기심을 키우고 자기가 좋아하는 것을 발견했다. 문제는 단지, 아이가 감당하기에 너무 많았다는 것이다.

아이는 나를 닮아 뭔가에 몰입하고픈 본능이 있는데, 주변이 산만하니 그러지 못해 짜증이 났던 것 같다. 어쩌면 그도 일종의 욕구 불만이었는지도 모르겠다. 아이의 몰입 대상과 그 열정을 알았으니 다음 순서는 뻔했다. 그것에 빠져들게 하는 것이었다. 아이가 좋아하는 것과 하고 싶어 하는 활동에 집중할 수 있는 곳으로 향하는 것.

다시 생각해봐도 나쁘지 않은 순서였다. 처음부터 이처럼 조용하고 정적인 곳에 살았다면 아이의 호기심과 주도성에 불이 붙지 않았을지도 모른다.

아이가 자기 주도적이 되려면 일단 강력한 흥미와 호기심을 자극되어야 한다. 뇌의 탐색 체계에는 여러 가지 신경 전달 물질이 작용한다. 그중에 도파민이 흐르면 창의력이 생길 뿐 아니라 그것을 현실화하고자 하는 목적 의식이 생긴다. 아이들의 탐색 체계는 마치 근육과 같아서, 사용할수록 호기심이 왕성해지고 창의적이 되며 더욱 열심히 하게 되므로 부모는 이를 활성화시키기 위해 지속적으로 흥미로운 경험을 할 수 있도록 호기심과 창의력을 자극하는 풍부한 환경을 제공해야 한다.

– 소아신경과 전문의 김영훈 교수

결국 이 환경, 저 환경 다 장단점은 있기 마련이다. 그러니 어느 한 모습에 너무 집착할 필요는 없지 않을까. 지금 모습대로 자연스러운 흐름에 몸을 맡겨 보는 것도 좋을 것이다.

일상에서 소소한 변화를 모색하는 일도 즐겁다. 때에 따라 쿠션 커버, 식기와 컵 등을 바꿔주는 것만으로도 아이는 환호했다. 최근엔 거실에 원탁을 놓아 새로운 느낌을 내보기도 했다.

청소하다 눈 맞춤 나누었던 것들을 찍어보았습니다.
늘 거기에 있는 나의 물건들에게 고마움을 느껴요.
이들은 까탈스럽지 않으며 조용하고 유정합니다.
'엄마의 물건'이 으레 그러하듯이 말이지요.

나는 앞으로도 아이를 어떤 모습으로 단정 짓는 대신 공간의 힘을 믿어보려 한다. 아이 안에는 여러 모습이 숨어 있으니 잔소리나 지시가 아니라, 아이의 좋은 모습이 발현될 수 있는 환경을 만들어주는 것을 나의 소임으로 여긴다.

올봄엔 화사한 잔꽃무늬 커튼을 걸어볼까 한다. 날렵하진 않아도 옛날에 할머니가 쓰시던 것처럼 넉넉하니 다정했으면, 그렇게 작지만 기분 좋은 변화를 기대하며 산다. 즐거운 일이다.

나의 특기

"특기가 뭐예요?"

달갑지 않은 질문이다. 확인받을 것도 아닌데 '특기'라는 말 앞에서는 얼어붙었다. 내 기억이 맞다면 모든 자기소개서에는 '취미/특기' 란이 있었다. 특기라는 말은 뜻부터가 모호했다.

취미가 특기 아닌가? 좋아하는 게 잘하는 거 아닌가? 불쑥 드는 궁금증을 접고 칸을 메웠다. 취미를 적을 때엔 망설임이 없다. 독서. 책을 좋아하니까. 그럼 특기는? 역시 독서. 이게 아니면 공상. 물론 낯이 뜨거워 실제로 그렇게 써본 적은 없다.

내가 주로 썼던 공식적인 특기는 아마도 '글쓰기'였을 것이다. 그나마 조직에 도움이 될 만한 특기라고 생각했던 것 같다. 혹은 '커뮤니케이션 능력'이라 쓰며 조금 괴롭기도 했다. '특기'라 함은 특별한 것 아닌가? 실제로 써먹을 만해야 하지 않나? 양심이 뜨끔하며 동시에 엄마의 한숨 어린 목소리가 떠올랐다. '너는 잘하고 싶은 것 없니? 남들한테 보일 만한 특기 하나는 있어야지.' 어릴 때부터 나를 따라다니던 목소리다. 하지만 나는 남에게 보이기 위한 특기가 뭐 그리 중요한가 생각했다.

손재주 있는 엄마, 그녀를 닮은 동생과 달리 책만 보던 나는 곰손으로 자라났다. 그림도, 만들기도 보통 근처였다. 그나마 '좀 하네' 싶던 글짓기도 학업과 생업 뒷전으로 밀려났다. 발레도, 가야금도 배워봤지만 즐겁지 않아 그만두었다. 그건 내 자리가 아니었다. '나 요즘 가야금 배워. 재밌더라.'라고 거들먹거리는 건 가짜 나였다. 가짜 나에게 쓸 에너지와 애정이 있다면, 책 읽고 공상하는 진짜 나에게 주고 싶었다. 그런 십 대와 이십 대를 보내고 특기 하나 없이 엄마가 되었다.

엄마가 되고는 종종 느낀 묘연함이 있다. 아이를 안고 온 힘을 다해 달리고 있는데 눈앞의 풍경은 그대로인 것이다. 시간이 멈춘 걸까 하니, 그도 아니다. 계절이 오가고 아이는 자란다. 나만 그 자리에 멈춰 선 느낌이다. 이래서 '홀몸'일 때 특기를 만들라는 거구나. 특기 없는 '무능력자'인 내가, '초(初) 무능력자'가 되어가고 있다 생각하니 쓴웃음이 났다.

세상은 엄마는 영웅이라 추켜세우지만 (혹은 압박하지만) 내가 가진 능력은 초라했다. 나는 날지도 못하고 미래를 보지도 못한다. 슈퍼맨의 망토 아닌, 내 앞치마에 만족한다. 사실 내가 왜 영웅이 되어야 하는지도 잘 모르겠다. 나는 용을 때려잡고 싶지 않다. 내가 아이와 함께 쓰고 싶은 건, 영웅담이 아닌 수필이니까.

최근 몇 년은 태어나 처음으로 특기로부터 자유로워진 시기였다. 엄마가 되니 누구도 나에게 '특기가 뭐예요?'라고 묻지 않았다. 홀가분했다. 아이는 하루에도 몇 번씩 '엄마가 좋아.'라 말한다.

그건 능란히 바이올린을 연주하거나 3개 국어를 말하지 않아도 엄마라서 받는 순연한 사랑이다. 평생 쫓아다니던 특기라는 압박은 그렇게 쉽게 잊혀졌다.

대학 시절, 교수님은 사전을 꼭 '가지고 다니라' 당부하셨지만 그럴 수 없었다. 사전을 들면 예쁜 손가방을 들 수 없으니까. 1kg짜리 사전은 나를 지구 중심으로 끌고 들어갈 듯 무거웠으니까. 그런 내가 엄마가 되고는 4kg 아기를 종일 안고 있었다. 하지만 그건 시작에 불과했다. 1년 뒤엔 12kg짜리 유모차 + 14kg짜리 아기 + 1kg짜리 가방을 번쩍 들었다. 그 상태로 아무렇지 않게 대화를 하고 계단을 오르거나 전력 질주도 했다. 처음 보는 이에게 먼저 말 거는 건 상상도 할 수 없는 일이었는데, 옆자리 엄마에게 다정히 묻는다. "아기가 참 예뻐요. 몇 개월이에요?"

육아 8년 차가 되니 이제는 뒤통수로도 아이를 볼 수 있게 되었다. 복화술이나 독심술도 한다. 아무 말 못 하던 아이에게 말을 가르쳤고 50cm짜리를 130cm로 자라게 했다.

한 친구가 그런 말을 했다. "아기는 왜 이렇게 느리게 자랄까? 크는 게 확확 보인다면 육아가 이토록 지루하지는 않을 텐데." 맞다. 24시간 붙어 지내다 보면 아이의 자람은 더디고 지루하다. 지켜보는 주전자의 물은 끓지 않는 법. 인간이 무언가에 흥미를 갖고 집중하는 시간은 8초라던데, 아기는 무려 1년을 기다려야 걸음마를 보여준다.

하지만 아기의 사랑스러움이란 대단했다. 그 애의 모든 것이 눈물겹도록 어여쁘고 신비해서 지루함마저 잊혀졌다. 정말이지 단 하루도 같은 날이 없었다. 사소한 것에 감동하는 이런 마음 역시 내가 가진 소능력이 아닐까, 혼자서 뿌듯하다.

오늘에서야 특기의 뜻을 인터넷에 검색해보았다. '남이 가지지 못한 특별한 기술이나 기능'이라고 한다. 그렇다면 정말로, 엄마들의 소능력은 대단한 특기가 아닐 수 없다. 세상에 하나뿐인 한 아이의 엄마로서 갖는 고유한 기술이니까. 누구와도 견줄 수 없는, 남이 가지지 못한 특별한 기술이 맞다. 검색창에 '특기 추천'을 찾아 베껴 쓰는 흔한 특기와는 본질적으로 다르다. 나에게도 특기가 생겼다. 그것도 쓸 데 있는.

훈 육 보 다 공 감

아이는 까다로운 아기였다. 많이 보챘고 잠도 없었다. 게다가
목소리도 크고 자기주장도 강했다. 이런저런 노력을 안 해본 건
아니었다. 그러나 일방적인 '훈육'은 마음 약한 나에게도, 아직
아기였던 아이에게도 상처가 될 것만 같았다.

"애들은 어릴 때 기를 꺾어 놔야 돼."

어르신들로부터 많이 들어온 말이다. 세련되게 표현했을 뿐 요
는 같은 육아서도 제법 봤다. 하지만 기를 꺾는다니, 그건 아이의
마음을 꺾는 것과 같다. 그때 아이는 속을 다친다. 눌러 꺾어야
할 것이 아이의 손목이나 발목이라면, 누군들 그리 쉽게 말할 수
있을까? 아이만 하던 시절의 나는 궁금했다. 어른들은 왜 겉에 난
상처에만 놀라고 속에 생긴 상처는 보지 못하는 건지.

314

그는 다른 사람보다 피부가 더 얇은 상태로 살았다. 타인의 고
난에 더 아파했고, 삶의 기쁨을 대할 때도 그는 더 크게 느꼈다.
　　　　　　　　　　　　　　　　　－ 에릭 말퍼스 『길고 긴 춤』 중

　맞다. 내가 상처에 이토록 민감한 건 남들보다 '피부가 얇기'
때문일 것이다. 더 많이, 더 크게 느끼는 이에게 상처는 특히나
가혹하다. 아무는 데도 더 오랜 시간이 필요하다. 사랑 많은 가정
에서 자라고, 큰 위기 없이 살아온 것과는 별개로 말이다.
　쉽게 상처받는 사람은 잘 안다. 내가 어떻게 말하고 행동하면
저 사람이 상처를 받을지, 그 상처가 그의 마음을 어떻게 괴롭힐
지. 하여, 어떤 이유로든 아이에게 무례했던 날에는 밤새 끙끙 앓
았다. 아가, 정말 미안해. 엄마가 힘들어서 그랬어. 잠든 아이를
안고 하는 사과는 서글펐다.
　나는 훈육 잘하는 엄마보다 상처 덜 주는 엄마가 되고 싶었다.
그러면 완벽한 엄마는 못 되더라도 괜찮은 엄마 정도는 될 수 있
지 않을까? 너에게 상처 주지 않으려고 그토록 많은 상처를 입으
며 자랐나 보다, 나는.
　아이가 칠교를 처음 접했을 때의 일이다. 조각을 들고 헤매던
아이 얼굴이 벌게지길래 얼른 "여기 놔보면 어떨까?"라고 물었는
데, 헉. "안 해!" 폭발한 아이가 칠교 조각들을 집어던진다.
　육아서 엄마들처럼 야무지게 제지하고 싶었지만 그러지 못했

다. 아이가 괜히 그러는 건 아닐 거야. 잘 안 되어서 답답한데 엄마가 나서니 자존심이 상한 걸 거야. 아이 행동에는 이 외에도 무수한 감정이 숨어 있을 것이었다.

엄마의 눈빛만으로 통제되는 아이들도 있지만, 우리 아이는 그렇지 않았다. 엄마가 화를 내면 자기 마음을 더 강하게 표출하는 아이였다. 나 역시 아이와 대결을 하고 싶지도, 이미 상한 아이 마음에 더 깊은 상처를 내고 싶지도 않았다. 그저 숨을 한 번 크게 들이쉬고 이렇게 말했다.

"(참을 인, 참을 인……) 그래, 엄마도 잘하고 싶은데 잘 안 되면 화날 때 있어. 윤하도 그랬나 보다. 엄마는 저기 보고 있을게. 하고 싶어지면 윤하 혼자 다시 해볼래?"

그러나 내 목소리는 아이 울음소리에 묻혀버렸다. 그때 누가 나를 봤더라면 사색이 되어 입만 벙긋거리는 것처럼 보였을 것이다. 그러나 그 와중에도 아이는 내 말을 들었는지, 때를 좀 더 부리고는 칠교 조각을 주워왔다. 그리고 천천히 해보며 마음을 풀었다.

"엄마, 나 이거 했어요!" 다시 웃는 아이 모습에 내 마음도 가라앉았다. 그렇게 아이와 내가 진정되고서야 물건을 던진 건 잘못된 행동이라고 단호하게 얘기했다. 단호함과 강함은 같은 말이 아니다. 나지막하게 말하되 뜻을 분명하게 전달하려 노력했다. 그리고 아이와 간식을 먹으며 다음에 화가 날 때는 어떻게 하면 좋을지 생각을 나눴다. 그런 날이면 아이를 더 많이 안아줬다.

전문가가 아니기에 이게 똑 떨어지는 방법인지는 모르겠다. 그러나 이런 일들이 쌓이면 아이 입에서 '엄마는 내 마음도 몰라!'가 아닌 '엄마는 내 마음을 어쩜 그렇게 잘 알아?'란 말이 나올 것임은 안다. 아이와 마음이 통하는 참 기분 좋은 순간이다.

아이의 감정을 대수롭지 않게 넘기거나 묵살하는 것도 나쁘지만, 내 경우엔 너무 감정적이 되는 것도 신경 써서 경계했다. 때로는 아이를 담담하고 이성적으로 대할 필요도 있었다. 내가 어떤 상황에 대해 너무 많은 걸 묻거나 과하게 이입하면 아이는 부담스러워 입을 닫아버렸다.

그럴 때는 상황을 멀리 보려 노력하고 더러는 흘려보냈다. 엄마가 뒤에 서 있다는 것만 알아도 아이는 용기를 내어 스스로 방법을 찾아내곤 했다.

아이 기를 꺾어 당장의 상황을 벗어나는 건 빠른 길일뿐 바른 길은 아닐 것이다. 부모와 아이는 서로의 거울이다. 아이에게서 보이는 나의 모습은 아이가 자랄수록 또렷해진다. 그러므로 나는 아이에게 온화하고 예의 바른 엄마이고 싶다. 친절하고 사려 깊은 어른이고 싶다.

나부터 단정한 태도와 다정한 말씨를 갖는 것, 그것이 어떤 엄격한 훈육보다 효과적일 것임을 믿는다.

엄마 사람 친구에 관하여

얼마 전에 좋아하는 후배를 만났다. 사는 얘기, 영화 얘기, 곧 세상에 나올 그녀의 아기 얘기로 자리에 앉자마자 이야기판은 달아올랐다. 성향이 비슷한 사람과의 만남은 역시 즐겁구나 느끼던 찰나, 그녀가 돌연 어두운 얼굴이 되더니 생각지도 못한 질문을 던졌다.

"아이 친구 엄마들 만나는 거 어때요? 전 그거 못 할 거 같아요. 그 생각만 하면 우울해지고 입맛도 없고 잠도 안 와요."

출산을 앞둔 후배에게 순하고 착한 말만 해주고 싶어 돌 고르듯 세심히 대답을 골랐다. 한참 동안 우물대는 내 모습에 그녀는 답을 알겠다는 듯 한숨을 쉬었다.

"생각보다 할 만해요" 비로소 내 입에서 나온 답이 뜻밖이었는지 후배의 눈이 동그래졌다. 물론 두 가지 단서가 붙었다. 나는 엄마들을 많이 만나지 않았다는 것, 그리고 그것이 조용한 우리 동네 특성일지도 모른다는 것.

해주고픈 말이야 길가의 풀처럼 수북했지만 더는 하지 못했다. 돌아가서 글로 정리해야지. 그리고 책이 나오면 고운 책갈피를 끼워 전해줘야지, 생각하며 카페를 나왔다.

사실 내겐 '엄마 사람 친구'를 사귀는 일은 처음 만난 사람과 데이트하는 일처럼 떨리는 것이었다. '운명처럼' 친해지고 싶은 이가 생기면 사는 곳, 취미, 살아온 이야기를 나누며 상대와 나의 궁합을 점쳐본다. 연락처를 교환하고 나면 언제 또 만날 것인지, 만난다면 무엇을 하면 좋을지, 이 사람은 나와 아이를 어떻게 생각하고 있을지 등등이 머릿속에 좌라락 펼쳐진다.

이때 심장이 뛰는 건 설렘과 긴장의 합 때문일 것이다. 외롭고 심심한 육아기에 마주치는 '친구 발생'의 순간은 그만큼 드라마틱하게 느껴진다. 처음에는 그 감동을 어떻게 조절해야 할지를 몰라 만나자는 만큼 만나고, 가자는 대로 따라다녔다. '나는 엄청나게 쾌활한 사람이에요!'라고 거짓 연기를 해보이기도 했다. 구명조끼도 없이 표류하다 휩쓸리기 직전이었다.

내가 이럴 줄 알았는지 친한 지인은 일찍이 '엄마들과 적당한 거리를 유지하라'는 조언을 남겼었다. 큰아이 키우며 아이 친구와 엄마들에게 다 퍼줄 듯했더니 그 엄마는 물론 아이까지 자기와 자기 아이를 무시하더라는 것이다.

그녀는 그렇게 '온 맘 다해' 놀이터 친구를 만들어야 할 이유가 뭔지 내게 물었다. 아이가 당장 유치원만 들어가도 친구는 생길 텐데. 그마저도 초딩 되면 다 갱신될 텐데. 하지만 여전히, 마음이 쓰였다. 아이 친구들과 엄마들을 보면 인류애적 사랑이 솟아났고, 신나게 놀고 헤어진 엄마들에게 카톡이 없으면 내가 뭘 잘못했나 시무룩해지도 했다. 그러나 몇 년간 육아의 강물을 헤쳐오며 나에게도 나름의 방법들이 생겼다.

한담(閑談) 모임은 최소화하게 되었다. 불행 배틀, 뒷담화, 무의미한 이야기에 쓸 에너지를 아껴 정말 중요한 일이나 만남에 쓰기 위함이다. 대신 아이 유치원 행사급 모임은 며칠 전부터 준비를 한다. 물론 대단한 준비는 아니다. 아이에게 만날 친구에 대한 정보를 묻고, 엄마들과 나눌 이야깃거리를 탐색하는 수준이다. TV를 보지 않기에 인터넷으로 최근 화제인 프로그램과 사건에 대한 뉴스와 댓글을 살폈다. 운동선수 남편을 둔 지인을 만나기 위해선 그 선수에 대한 몇 달치 정보를 모았다. 약속 장소에서 멀지 않은 곳에 조용하고 익숙한 2차 장소가 있는지도 미리 알아뒀다. 아이들을 위한 퍼즐, 그림책, 보드게임, 간단한 간식을 챙겨가기도 했다. 준비가 되어 있으면 마음이 편했다. 설사 준비한 말을 꺼내지 않더라도, 대화거리가 있는 것과 없는 것의 차이는 크다. 마음이 편할 때 발걸음도 가볍다.

하지만 역시 함정은 에너지의 낮은 함량. 특히 아이와 함께하는 모임에서는 자신의 한계를 설정하고 움직여야만 했다. 아무리 신이 나도 초반에 너무 힘 빼지 않고 기진맥진해지기 전에 일어났다. 어쩌면 그게 가장 현실적인 '애 안 잡고 내가 사는 길'인지도 모른다.

특히 육아로 탈진해 있을 때는 다른 엄마 앞에서 뾰족해지거나 징징거리고 후회하느니, 조용히 혼자 있는 게 낫다는 생각이다. 그런 날은 양해를 구하고 약속을 미루었다.

충동적으로 놀이공원이나 무박 여행, 캠핑을 가자는 등의 제안은 정중히 거절했다. 도착하는 순간 녹초가 될 게 뻔하니까. 오늘은 시간이 늦었으니 다음에 날짜를 정해 일찍 출발하자고 한 후 날짜를 상의했다. 물론 캠핑은 아직도 엄두가 나질 않는다.

육아 7년 차가 되고서야 나다운 모습으로 사람들을 대하는 게 편해졌다. 관계에 무리하게 나서지도 않지만, 게을러지지도 않는다. 말을 많이 하는 대신 잘 들어주고, 그와 진심으로 공명하려 노력한다. 타인에게 많은 걸 기대하거나, 기대지 않고 혼자만의 루틴과 나 자신을 돌본다.

그러자 사람들을 대하는 일이 좀 더 산뜻해졌고 만남도 즐거워졌다. 착각인진 몰라도 사람들이 나를 보는 눈 역시 한결 편안해진 것 같다.

많지는 않지만 소중한 친구들도 생겼다. 우리는 서로를 정보 ATM이나 경쟁 상대 취급하지 않는다. 주파수가 맞는 사람들이기에 자주 보지 않아도 든든하다. 말하지 않아도 알고 듣지 않아도 느낀다. 소란하지 않을 때, 예컨대 함께 미술관 관람을 하거나 익숙한 골목길을 거닐 때 넘치도록 즐겁다. 육아가 유난히 버겁고 일상이 쳐진다면, 이 친구들을 만나야 할 때다. 잠깐을 만나도 아랫목에서 푹 쉬었다 온 듯 몸과 마음이 데워지는 다정한 사람들.

육아의 강을 건너며 자연스레 멀어진 사람도, 가까워진 사람도 생겼다. 어쩌면 포기를 배운 건지도 모르겠다. 모두와 잘 지낼 수는 없음을, 모두가 내게 친절하지 않을 수도 있음을 이제는 안다.

"엄마, 내가 가장 좋아하는 친구는 엄마예요."

아이에겐 사람을 무장해제 시키는 재주가 있다. 무심히 설거지를 하는 등 뒤에서 이런 말을 해오다니. "아가, 고마워. 엄마가 가장 좋아하는 친구는 우리 아가야."

코끝이 찡 울리며 답하는 목소리가 어쩌자고 마구 떨렸다. 순간, '엄마 사람 친구 사귀기'에 대해 후배에게 주고픈 글을 이만큼 써놨던 게 떠올랐다. 내성적인 그녀에게 어떤 정보든 주고 싶어 꾸역꾸역 글을 적었지만, 솔직히 말하면 나는 '엄마 모임'이나 '엄마 사람 친구'에 대해 아는 게 별로 없다.

아이와 나는 거의 언제나 둘이었다. 아이가 내게 온 날부터 그랬다. 날이 좋으면 우리 둘이 꽃놀이 다니고 날이 궂으면 우리 둘이 한 이불 속에서 책을 읽는다. 나에겐 그 흔한 조리원 동기도 없고 정기 모임에서 만나는 엄마도 없다. 어쩌면 평생 갈 '육아 동지'를 사귀는 데 실패했는지도 모른다. 그러나 후회하진 않는다. 그동안 내 곁에는 아이라는 인생 최고의 친구가 생겼으니까. 엄마들과의 관계에 정답이란 없다는 것을 배웠으니까.

후배에게 진짜 해주고 싶었던 이야기는 이것이었음을, 후배를 만나고 몇 달이 지나고서야 알았다.

몸도 마음도 귀하게

예민하네, 엄살이네 하는 소리는 싫었다. 어딘가 축나는 기분이 들어도 기분 탓만 했던 건 아마 그때문이었을 것이다. 허나 엄마가 되어 느낀 극한의 피곤은 이전의 피곤에 비할 바가 아니었다. 암만해도 쓰러진 적은 없었는데, 오죽하면 픽 쓰러지는 '사건'까지 생겼겠는가. 어떤 날은 발끝에 걸린 내 그림자의 무게가 느껴지는 것 같았다. 링겔을 맞고, 한약도 먹어봤지만 소용없었다.

체력이 바닥까지 떨어져 있는 상태에선 운동도 노동일 뿐, 할 게 못 되었다. 병원에 가봐도 '잘 쉬라'는 말뿐이니, 이 극심한 피로를 어쩌지 못해 억울하고 답답했다.

그러는 사이 몸에는 온갖 염증이 생겼고 피부 장벽이 손상되어 헐기 시작했다. 1년 내내 다래끼와 장염, 위염이 번갈아 덮쳐왔고 잠깐 쏘인 햇빛에도 저온 화상을 입었다. 겁이 났다. 이대로 모든 게 멈추면 어쩌지? 이 상태로는 화분 하나도 못 키울 것만 같았다. 집을 나서면 고라니에게 잡혀갈지도 몰랐다. 아이는 아직 어린데 엄마인 나한테 큰일이 생기면 어떡해. 눈을 감으면 진부한 드라마 한 편이 펼쳐지며 눈물이 펑펑 쏟아졌다.

그렇게 아이에 대한 책임감으로 애면글면 나에 대해 알아갔다. 마치 실험하듯 나는 어떨 때 가장 편안한지, 적정한 온습도는 어느 정도인지, 잠은 얼마나 자야 개운한지, 월경 전 증상은 무엇인지, 뭘 먹으면 소화가 잘되는지 등을 하나씩 체크했다. "엄마가 너 돌보듯 너 자신을 귀하게 여겨. 너는 목도리 안 하거나 양말 안 신고 다니면 꼭 감기 걸렸어. 기침하기 시작하면 소금물로 가글 시키고 생강차를 먹였지." 엄마의 잔소리도 귀담아듣기 시작했다.

나는 헛똑똑이였다. 별건 다 알아도 정작 스스로에 관해선 나설 처지가 못 됐다. 어떻게 여태 그런 것들도 모르고 살았을까? 멀쩡히 살아온 게 기적이라면 기적 같았다.

그러나 어떤 일에든 길은 있기 마련이다. 육아하며 느낀 지독한 피로감 덕분에 나를 돌보는 게 얼마나 중요한지 알게 됐다. 몸의 신호를 무시하고 애쓰는 것만이 능사는 아니었다. 특히 육아라는 극한 상황에서 엄마는 자신의 행복과 건강을 스스로 조절해야 한다.

엄마의 에너지는 귀한 소모품이고 아이와의 하루는 길다. 그러므로 에너지 비축과 분산은 필수다. 중요한 일, 그리고 돌발적인 상황이나 감정 소모에 대비한 여분의 에너지를 꼭 남겨둬야 한다.

예를 들어 바깥 놀이에 에너지를 많이 썼다면 아이와 목욕(이라 쓰고 물놀이라 읽는)을 하지 않고, 간단한 샤워로 마무리한다. 설거지도 미룬다. 잠자리 독서를 위한 에너지를 남겨둬야 하기 때문이다.

아이의 식이만큼 엄마의 식이도 중요하다. 기분에 민감한 사람은 알 것이다. 기분에 따라 식욕과 소화 능력도 롤러 코스터를 탄다. 흔히 말하는 '당이 떨어져서' 화가 나는 행그리 현상도 잦다. 이 때문에 열(列)육아기엔 다이어트를 포기했었다. 나는 날씬하고 화 잘 내는 엄마보다, 통통해도 복스럽게 잘 먹고 온유한 엄마가 되고 싶었다. '당이 땡기면' 과일, 고구마, 빵 등을 아이와 함께 조금씩, 자주 먹었다. 결핍이나 강박이 사라지자 식탐도 사라졌고 더딘 속도였지만 살도 빠졌다.

나에게 도움이 되었던 음식을 모아봤다.

아세틸콜린이 함유된 음식

내향인을 편안하게 하는 신경 전달 물질 아세틸콜린은 콜린을 이용해 우리 몸에서 합성된다고 한다. 콜린은 달걀, 간, 연어, 브로콜리 등에 많이 들어 있다고 알려져 있으며 특히 달걀 하나에

326

는 일일 요구량 20~25%의 콜린이 들어 있다.

열을 올려주는 음식

내향인들은 대체로 몸이 차고 신진대사가 느리다고 한다. 몸이 추우면 활동성이 떨어지고 마음도 움츠러든다. 나는 이럴 때 열을 올려주는 카레나 토마토 수프를 만들어 먹는다. 특히 카레에는 강황이 들어 있어 금세 체온이 오르고 몸이 풀리는 게 느껴진다. 마음이 동하는 날에는 인스턴트 카레 대신 강황 가루와 코코넛 밀크로 '진짜 카레'를 만들기도 한다. 겨울에는 생강이나 우엉, 홍삼 같은 뿌리 식물을 달여 먹는다.

물

긴장도가 높아서인지 목이 자주 마르다. 때문에 밖에서는 물론 집 안에서도 예쁜 텀블러를 가지고 다니며 물을 자주 마신다. 물만 잘 마셔도 허기짐이나 메스꺼움 같은 불쾌감이 확실히 덜하다. 특히 책육아는 엄마의 목을 담보로 하는 것이기에 습도에도 신경을 쓴다. 겨울엔 가습기를 틀거나 실내에 빨래를 널어둔다. 아이에게 책을 읽어주다 보면 호흡이 얕아져 머리가 띵 해지는 경우도 생긴다. 환기를 자주 하고 한 페이지에 한 번씩이라도 의식적으로 숨을 깊게 들이쉬곤 한다.

몸의 신호를 무시하고 애쓰는 것만이 능사가 아니다.

육아라는 극한 상황에서 엄마는 자신의 행복과 건강을

스스로 조절해야 한다.

집에서 만든 음식

유기농, 채식, 소식을 고집하지는 않는다. 특별한 보조제에 의존한 적도 없다. 다만 격 없이 차린 집밥을 아이와 나눠 먹으며 속이 편해지고 마음이 부드러워졌다. 요즘은 바깥 음식을 먹으면 어김없이 배탈이 나거나 뾰루지가 솟는다. 몸에서 이렇게 거부하는 것을 그동안 모른 척 꾸역꾸역 욱여넣었구나 싶다. 국 하나, 반찬 하나 놓고서라도 구태여 집밥을 먹는 이유다.

거창한 건 아니지만 빵이나 과자, 아이스크림도 웬만하면 집에서 만들어 먹는다. 최근에 열심을 낸 것은 요거트다. 유산균이 장내 환경에 변화를 주면 신경이 안정되고 마음이 편해진다는 기사를 봤기 때문이다. 그러나 뭐니 뭐니해도 최고는 친정엄마 밥이다. 주말에 엄마가 끓여주는 된장찌개에 더덕구이, 계란찜 같은 걸 먹고 숭늉까지 마시고 오면 보약을 먹은 듯 힘이 솟는다.

허브차

내게 커피는 긴장을 풀어주는 여유의 한잔이 아니다. 내향인은 커피 없이도 긴장도와 각성도가 높은 사람들이다. 한마디로 '항상 에스프레소 두 잔을 들이킨 상태'다. 이전엔 커피를 한잔만 마셔도 온몸을 맞은 듯 아팠다. 그러나 아이를 키우며 너무 힘들고 졸리니까, 울며 겨자 삼키듯 양을 늘렸다. 커피 덕에 아침잠을 쫓았지만 그 긴장감이 훅 꺼질 때면 바람 빠진 풍선이 된 기분이었다. 커피가 내향인의 업무 효율을 저하시키고 배터리를 방전시킨다는 말이 내겐 별로 놀랍지도 않다.

그러나 잠 없는 육아기에 커피만 한 아군도 없다. 내겐 아무래도 커피가 필요했다. 특히 세상은 넓고 맛있는 원두는 많다는 걸 알게 된 후로는 인스턴트커피를 멀리하게 되었다. 원두커피도 오전 두 잔으로 제한했고 오후에는 허브차를 마신다. 로즈마리나 민트, 레몬머틀은 향이 상쾌해 졸음을 쫓는 데 맞춤하다. 그 외에도 Eilles 사의 과일차, Ronnefeldt 사의 Joy of tea 등을 추천한다.

밤은 부드러워

잠든 아이 옆에선 엄마 생각이 난다. 겁이 많은 나를 위해 엄마
는 밤늦게까지 내 방에 계셨는데, 늦은 밤에도 늘 책을 읽거나 헤
드폰을 끼고 피아노를 치셨다. 재봉틀로 고운 옷을 지어주시기도
했다. 스탠드 불빛 아래 책장 넘어가는 소리, 외국어 되뇌이는 소
리, 헤드폰 너머 아득한 전자 피아노 소리, 재봉틀 소리 같은 것
들을 덮고 잠이 들었다. 까무룩 잠들며 바라본 엄마의 얼굴이 환
했다. 어른들은 밤에도 할 일이 많구나, 어린 나는 엄마의 하얀
밤을 당연하게만 생각했다.

그러나 엄마의 잠 없는 밤은 당연한 게 아니었다. 엄마가 된 후
가장 먼저 잘라내야 할 것은 잠이었다. 나의 엄마가 그랬고, 나의
할머니가 그러셨던 것처럼.

나도 잠을 밀어내고 밤을 알차게 보내고 싶었지만 몇 년째 실

패 중이다. 피곤에 절어 손가락 하나 까딱할 수 없는 밤, 주로 하릴없이 인터넷을 뒤적이다 잠든다. 책이라도 좀 읽으면 다행이고.

그 시간에 잘 걸 하는 생각은 거울을 볼 때만 잠시 스친다. 눈 아래 그늘이 생겼고 입술은 보기 싫게 텄다. 일찍 자야 하는데, 그러기엔 이미 밤만 기다리며 사는 삶이 되어버렸다.

잠든 아이를 확인하고 몰래 방에서 나와 소파에 잠기는 건 내게 허락된 최고의 보상이었다. 마침내 집에 온 기분이랄까. 그러나 뭘 하기엔 너무 이르거나 늦은 시각. 습관처럼 만만한 핸드폰이나 육아서를 집어 들었다. 하지만 이런 자극은 일시적으로 도파민을 분출하여 피곤을 키울 뿐이었다. 쉰다고 생각했지만 실제로는 전혀 아니었고, 잠깐 본다는 게 새벽 3시를 넘기 일쑤였다.

더 큰 문제는 아침이었다. 매일 어젯밤을 후회하며 깨어났다. 눈을 떠도 머릿속이 뿌옇고 뜨거웠다. 아이가 하는 말은 분명히 한국말인데 해석이 안 되는 기이한 일이 벌어질 때쯤 알게 되었다.

내겐 '쉬기 위한 노력'이 필요하다는 것을. 그날부터 핸드폰이나 책을 볼 때 타이머를 설정해놓았다. 특히 인터넷 쇼핑과 SNS는 에너지 뱀파이어이기 때문에 핸드폰 배터리가 조금 남았을 때만 하기로 했다. 조금만 지나면 알아서 꺼질 테니까.

지치기 쉬운 내향인 엄마는 자신에게 무리가 되지 않는 충전법을 찾아야 한다. 그렇지 않으면 나처럼 쉬려다 더 지쳐버리는 일이 생긴다. 가슴에 손을 얹고 따져봐야 한다. 충전 시간마저 근사하게 보내고 자랑해야 할 것만 같은 요즘, 쉴 때조차 자꾸만 여기 아닌 어딘가로 밀려나고 지금 쥔 것보다 더 많은 걸 쥐려 하는 건 아닌지.

그럼에도 '엄마는 아이가 잠들면 무조건 같이 자야 한다'는 말에는 백 프로 동의하지 않는다. 물론 일찍 잠들고 잘 자는 게 중요함을 잘 안다. 실제로도 그렇다. 육아는 잠과의 싸움이니까.

하지만 육아기의 무기력증과 우울감은 잠만으로 해결되지 않는다. 불을 끄고 누웠는데 머릿속이 너무 시끄럽다면, 털고 일어나 뭐라도 하는 게 나았다. 기어코 자겠다는 결심을 버리는 것이다.

그런 하얀 밤의 기억이 몇 개 있다. 너무 읽고 싶은 소설이 생겼을 때, 몇 날 밤을 샜지만 그만한 가치가 있는 일이었기에 즐거웠고, 의외로 몸도 가벼웠다. 그때 난생처음 밤샘이란 걸 해봤다. 한창 때도 밤은 못 새어봤는데, 대체 얼마나 간절했으면 그런 일이 가능했던 걸까 싶다.

나는 밤의 고요함을 연모하는 사람이다. 일찍 잠드는 날만큼 '애 엄마가 안자고 뭐 해?'란 말을 잊는 날도 내겐 필요하다. 시공을 초월하는 몰입은 내향인의 마음을 환히 비추는 빛이다.

혼자만의 밤은 부드럽고, 때로는 잠보다 귀한 것들이 있다.

손 닿는 곳엔 늘

엄마가 되면 누구나 작가가 된다고 한다. 새로운 삶과 함께 쏟아지는 한탄과 감탄, 정신 승리를 글로든 그림으로든 사진으로든 남기지 않고는 못 배기게 되니 말이다.

나도 그랬다. 임신을 알게 된 날부터 오늘까지, 하루도 쓰지 않은 날이 없다. 아이가 자랄수록 기록할 거리가 많아지니 점차 많은 것을 쓰게 되었고, 쓰기는 나의 생활이 되었다.

아이 네 살부터 일곱 살까지, 매일 '아침 편지'를 써줬다. 처음엔 엄마, 아빠 같은 간단한 글씨를 익히게 할 요량이었다. 그러나 편지를 받은 아이의 열띤 반응에 곧 도톰한 노트를 마련하게 되었다. 아이가 잠들면 쓴 편지를 식탁 위에 펼쳐두고 설레는 마음으로 잠드는, 산타클로스 같은 매일이었다. 날씨 이야기, 오늘 할 일, 어제 읽은 책 이야기, 사과와 반성, 사랑한다는 말…… 그날그날 짧게 써준 것이 여러 권의 노트로 남았다.

　아이는 아침마다 편지를 읽고 배시시 웃으며 하루를 시작했다. 내 마음에서 나온 언어를 제 마음으로 옮겨 넣는 그 모습이 참 예뻤다. 게다가 짧은 답장을 남기기도 했으니, 엄마의 편지는 아이가 한글을 떼는 데도 그 몫을 단단히 했다. 또한 아이와 나 사이에 말로 하기 힘든 이야기들, 잊으면 안 되는 사항을 전달하는 메모장으로도 요긴하게 사용되었다.

　남편도 종종 나와 아이에게 편지를 남기곤 했는데, 아빠의 편지를 아이는 이벤트처럼 좋아했다. 나 역시 남편의 씩씩한 글씨에 힘을 얻곤 했다.

　아이가 유치원에 들어가고는 아침 편지를 주고받을 여유가 사라졌다. 아쉬운 마음에 '도시락 편지'를 쓰거나 아이 코트 주머니 속에 쪽지를 넣어둔다.

　나 역시 엄마로부터 꽤 오랫동안 도시락 편지를 받은 것으로 기억한다. 도시락 주머니를 열면 다정한 하얀 종이가 보였고 그러면 꼭 엄마를 만난 듯 마음이 푹 놓였다.

　엄마는 몇 시에 일어나 이 도시락을 싸는지, 오늘은 무엇을 후식으로 넣었는지, 오후에 어디에 갈 건지 그런 이야기들을 소상히 써주셨다. 학교에서 만나는 엄마 글씨는 왜 그리 좋은 건지. 지금도 '도시락' 하면 자동으로 '편지'가 떠오를 정도로 내게 도시락 편지는 따스한 기억으로 남아 있다.

이제는 아이가 급식을 먹기에 엄밀히 말하면 '급식 쪽지'지만 나는 여전히 도시락 편지라는 말을 쓴다. '도시락'이란 말의 따스함과 '편지'란 말에 깃든 유순함이 타고난 듯 잘 어울린다.

"도시락 편지 보고 엄마 생각했어요." 하교길 아이 말에 오구오구, 하며 웃어주었다.

받아 본 사람이 줄 줄도 안다고, 아이도 편지 쓰기를 즐겨 한다. 편지 쓰는 엄마의 뒷모습을 보며 자란 아이니까, 언젠가는 힘들어하는 이에게 다정한 쪽지 한 장 건넬 수 있는 사람이 될 수도 있지 않을까? 그런 바람도 가져본다.

사실 기록의 시작은 몇 해를 더 거슬러 올라간다. 임신을 알게 된 날부터 아이를 낳은 날까지, 하루도 빠지지 않고 뱃속 아이에게 편지를 썼다. 지독한 입덧으로 링거를 맞던 날, 태동이 느껴지지 않아 걱정했던 날, 아이를 만나러 수술실로 들어가던 순간까지도 나는 무언가를 썼다.

손 닿는 곳에는 늘 노트가 함께였다. 첨단에 밝은 편은 못 되어서, 패드를 두드리는 것과 종이에 펜을 눌러 쓰는 데는 차이가 있다고 여긴다. 이 낡은 방식을 고집하느라 지난 몇 년간 셋째 손가락이 울퉁불퉁 미워졌다. 그러나 거기엔 그만한 가치가 있었다.

아이를 키우는 동안 썼던 핸드폰과 메모리 카드는 쉽게 사라지고 고장 났다. 앱 비밀번호는 왜 또 그리 쉽게 잊어먹는 건지. 핸드폰과 디지털카메라가 편하긴 해도 그리 믿을 만한 아카이브는

'도시락'이란 말의 따스함과

'편지'란 말에 깃든 유순함이 타고난 듯 잘 어울린다.

못 된다는 생각이다. 그러나 임신 때부터 써 온 수십 권의 노트는 건재하다. 지금도 책장 한 칸에 당당히 자리를 잡고 아이가 빼 들기를 기다리고 있다.

"지금 아기 하는 양, 아기 하는 말, 나중에 다 기억날 것 같지? 그런데 지나면 기억이 안 나더라. 네가 했던 말들, 남긴다고 남겼는데도 아쉬워. 너도 부지런히 써 놔. 어차피 아기는 기억 못 해. 지나고 나면 너만 아쉬워."

엄마 말은 사무치도록 사실이었다. 한 철이 지나면 아기는 또 자라 있었고, 그때의 엉성하고 귀여운 모습을 다시는 보여주지 않았다. 잊지 않으마, 자부했던 것마저 쉽게 잊혀졌다. 얘가 '몇 개월 때 뭘 했더라?'는 고사하고 '어제 뭘 했더라?'도 가물가물해지는 게 현실이었다.

친정에는 내가 아기였을 때 목소리를 녹음해 둔 테이프가 있다. 시어머님께서는 남편의 일기를 엮어 '반딧불'이란 책으로 만들어두셨다. 우리의 보물이 된 이 테이프와 책들을 보며 생각했다. 부모에겐 자녀의 어린 시절을 저장하고 넘겨줄 의무가 있구나. 귀찮아도 부지런히 기록해야겠다. 기록을 이기는 기억이란 없으니까.

그리고 하나 더. 기도 노트가 있다. 나는 여기에 매일 기도를 적고 성경을 필사한다. 육아만큼 기도가 필요한 일이 또 있을까. 아이를 가진 해부터 9년째 지속 중인 일과다. 기도를 노트에 쓰면 마음이 차분해질 뿐 아니라 지혜와 소망을 구체화할 수 있어서 좋다. 어떤 시기에 어떤 기도를 했으며 어떻게 응답을 받았는지, 무엇이 감사했는지를 볼 수 있는 것. 부모의 기도는 땅에 떨어지지 않는다는 말도 그렇게 찬찬히 새겨본다.

아기들은 한순간 우리 곁을 스쳐간다. 오늘의 아이는 어제의 아이와 결코 같지 않다. 그래서 아이들은 그토록 애틋하며, 추억이 많은 엄마는 행복한 것이다. 이제 나는 피곤에 무너져가면서도 끝내 무언가를 쓰던 내 미련한 뒷모습을 용서한다. 아이의 기록을 남기던 내 모습이 내게도 추억으로 남았기 때문이다.

연중무휴 쓰기의 이유는 엄마된 책임감 때문이었는지도 모르겠다. 아이의 기록을 남기고 싶어서, 혹은 내 안에 보드라운 독버섯처럼 자라나는 반성과 한탄을 잘라내고 싶어서. 그런데 또박또박 적어 내려가는 그 반성문 속에서 나를 구원할 또 다른 길이 보이곤 했다. 그 모든 한탄의 기저에는 '이런 나대로 잘 살아보겠다'는 의지가 숨겨져 있었다. 결국, 쓴다는 일은 새삼스럽지만, 자기 자신을 제대로 인식하기 위한 노력 아닐까?

볕이 좋고 아이의 모든 말이 고운 시절이다. 타이핑을 멈추고 아이가 오늘 무슨 이야기를 했는지, 뭘 좋아했는지 생각한다. 오전에 커피를 내리며 즐거웠던 기분, 냉장고를 털어 집밥을 지어 먹은 나의 장함도 더듬어본다. '해주지 못한 것'이 아닌 '한 것'에 촛점을 맞추자 하루가 말끔해졌다.

아이가 '엄마는 왜 항상 뭘 쓰는 건지'를 이해하려면 많은 시간
이 필요할 것이다. 그렇더라도, 나는 아이에게 손편지 노트를 선
물하는 엄마가 되고 싶다. 생각난 김에 아이 가방에 넣을 편지를
써야겠다. 책 쓰느라 바빠진 엄마를 이해해줘서 고맙다고, 덕분
에 정말 힘이 난다고.

자 연 이 라 는 위 안

아이와 함께하는 삶은 이전의 삶에 비하면 어처구니없을 정도로 느리고 심심하다. 계절도, 밤낮도 없이 살던 삶에 마침표를 찍고 자연의 사이클에 맞춰 살아가는 삶이 시작된다.

육아하며 얻은 가장 큰 변화는 '철 있는' 생활을 하게 되었다는 것이다. 더욱이 마당 곁에 살면서는 달력 없이도 꽃이 오고 절기가 다녀가는 흐름을 알 수 있게 됐다.

마당의 양순한 것들 곁에선 나란 사람이 얼마나 뾰족했는지도 더 잘 보였다. 작년 가을 떨어진 낙엽 위로 새순이 튼다. 오늘 진해는 내일 또 뜬다. 그 당연한 진리를 목격하는 것만으로도 마음은 순해졌다.

자연은 냄새도 좋고, 모양도 예쁘고, 소리도 정답다. 누구의 간섭 없이도 숲은 건강하다. 이게 얼마나 나를 행복하게 하는지 도시에 살 땐 미처 몰랐다. 따스한 날은 햇살을 즐기고 쾌청한 날이면 창을 열어 바람길을 터준다. 꽃 올리는 화초들을 응원하고, 오월의 햇살이 지어 입힌 숲의 녹색 옷에 경탄하는 삶, 이것이야말로 나를 시들지 않게 하는 삶이었다.

해가 잘 드는 곳에 산다는 건 복스러운 일이다. 햇살이 풍요하고 창밖이 매일 새로우니 새 물건이나 사건에 대한 갈증도 잊는다. 빛이 엎질러진 듯한 오후엔 햇살 한 조각이 아쉬워 아이와 창문에 붙어 앉아 시간을 보낸다. 지친 날엔 가만히 등을 어루만지는 햇살의 따스함에 눈물이 나기도 했다. 내가 얻을 수 있는 평온이 단지 그뿐이라고 해도 괜찮을 것만 같다.

일조량이 적은 북유럽(세계에서 가장 내향적인 나라들)에선 인공 햇볕을 돈 주고 쬔다는 이야기를 들었다. 해를 덜 쬐면 세로토닌 분비가 줄어 우울증이 생기기 때문에 각별히 신경을 쓴다고. 세로토닌은 온화한 즐거움과 편안함을 유지시키는 호르몬이다. 전문가들은 특히 육아하는 엄마들에게 세로토닌을 권한다. 다행히 잠깐 햇볕을 쬐거나 푸른 산을 바라보는 것만으로도 세로토닌이 분비된다고 하니, 그 또한 커다란 위안이다. 아이와 5분이라도 햇살을 쬐고, 집 안에 작은 화분이라도 놓아두면 도움이 될 것이다.

어려서 살던 집엔 화초가 많았다. 바지런하고 사랑 많은 부모님 덕에 나는 화초와 같이 자랐다. 부모님은 화분 물 줘야 한다고 여행 일정을 줄이는 분들이시다. 그러나 나는 집 안 가득한 화분들이 귀찮았다. 벌레 나온다고 지청구도 많이 했다. 하지만 내 안에는 확실히 부모님의 DNA가 있나 보다. 초록이 주는 위안을 알아버린 이제는 지천이 초록임에도 아쉬워 부엌 한켠에 늘 초록을 둔다.

아이의 자람처럼 유순한 것이 또 있을까.

엄마 품만 있으면 영영 자랄 것처럼 그렇게 자란다.

품을 데워야지. 조금 더 크고 낫낫해져야겠다.

아이 키우는 날들이 흘러간다.

외 로 움 을   이 로 움 으 로

  '혼자'가 트랜드인 세상이다. 오늘도 많은 이가 자발적 아웃 사이더가 되어 #혼밥, #혼커의 훈장을 달아본다. 혼자 됨을 자랑스러워하는 분위기는 그만큼 혼자 되는 게 어렵다는 반증인지도 모르겠다. 조용하고 개인적인 경향은 괜찮은 취향으로 차차 자리를 잡아간다. 내가 시대를 대표하는 인물 군상이 되다니, 어리둥절하기도 하고 재밌기도 한 요즘이다.

  나는 내 고독력을 자부해 온 사람이다. 하지만 고독을 최고의 충전 요법으로 섬기는 내게도 육아의 외로움은 각별했다. 이전의 고독은 내가 선택한 것이었다. 내가 원하면 언제든 사람을 만날 수 있었고 어디든 갈 수 있었다. 하지만 엄마가 된다는 것은 '일정 기간 자유의지를 포기한다'는 각서에 서명을 하는 것과 같았다. 더 이상 나는 내 마음대로 '혼밥족'이 될 수 없다.

군중 속에 몸을 밀어 넣어도 여전히 외로웠다. 특히 또래 직장인들이 쏟아져나오는 평일 점심시간에 아이를 데리고 나가면 더욱 그랬다. 나도 한때는 저들 중 하나였는데 이제는 외딴섬이 되어버렸다. "아기랑 함께 있는데 왜 외로워?" 남편이 물었다. 악의라곤 하나 없는 해맑은 얼굴로.

한번 해보라고 답하며, 문득 나도 궁금했다. 대체 왜 이리 외로운 건지, 그리고 이 외로움을 어쩌면 좋을지.

생각해보니 그랬다. 결국, 모두가 외롭다. 새로운 자리에 적응하기까지는 더욱 외롭다. 다른 사람들과 함께일 때 외롭지 않았던 것도 아니다. 인구 밀도 높은 사무실에서, 유쾌한 모임에서도 외롭다 느낀 적은 많았으니. 그런가 하면 부재 시에야 더욱 또렷해지는 것들도 있다. 오랫동안 거실 한켠을 지키던 가구가 빠져나가고서야 깨닫곤 했다. '아, 그게 거기 있었지.'

내 삶에서 내가 지워진 순간, 그때만큼 나 자신이 간절했던 적이 없었다. 아이를 키우며 그토록 외로웠던 건 내 삶에서 내가 결핍되었기 때문이었다. 24시간 모든 것을 나에게 의존하는 연약한 아기를 돌보며, 동시에 나에게도 내가 필요함을 깨달았다.

하여, 외로움을 피하지 않았다. 오히려 그 안으로 들어가는 길을 택했다. 그건 나로서 힘껏 살아보는 어떤 계기가 될지도 몰랐다. 나를 둘러싼 것들을 내가 감당할 수 있는 만큼으로 제한했다. 한적한 동네로 이사하고 SNS마저 끊었다. 무거운 갑옷처럼 걸

치고 다니고 있던 '인싸'가 되어야 한다는 강박도 한 겹씩 걷어
냈다.

두렵지 않을 리 없었다. 계속해서 존재하는 것이 이토록 어려
운 일이었나? 나라는 한 사람이 이다지도 소중한 사람이었던가?
조금씩 절박해졌다.

아이는 나무랄 데 없이 사랑스러웠다. 하지만 출구가 보이지
않았다. 이왕 이렇게 된 거, 육아에 몰입하기로 했다. 그렇지 않으
면 반성적이고 회고적인 성향의 내가 아주 오랫동안 편하지 못할
것 같았다. 몇 번의 재취업 기회가 있었지만 고민 끝에 거절했다.
모두가 위로 올라가려는데 나는 추를 달고 침잠했다.

안에서 들려오는 낯선 목소리와 마주한 것은 그즈음이었다. 주
위가 고요해질수록 목소리는 또렷해졌다. 그건 내 목소리였다.
부모님도, 친구들도, 옆집 엄마도, 그 어떤 누구의 것도 아닌.

출구는 안에 있었다.

나 자신을 벗 삼고 그에 귀 기울이는 것은 육아에도 분명 도움
이 되었다. 기질, 성격, 환경, 가치관, 취향 등 여러 요소로 구성된
사람인 부모는 아이에게 그들과 비슷한 기질, 환경, 가치관 등을
제공할 확률이 높다. 특히 기질은 선천적이기에 부모에게 가장
편한 방법이 아이에게도 가장 편할 가능성이 농후하다. 내가 좋
아하는 것을, 내가 잘하는 방법으로 아이와 함께 즐겨보면 어떨

까? 그때 든 생각이다. 하루를 꽉 채워 읽고, 쓰고, 먹이고, 재우고, 기도했다. 그렇게 육아, 그리고 나 자신에 몰두하는 사이 외로움도 줄었다.

육아 초기에 그토록 흔들렸던 건 아이만, 혹은 세상만 바라보느라 나를 제대로 보지 못했기 때문이었다. 하지만 이타성도 내 본성이라, 나 자신만 돌보려 들면 더 심한 스트레스를 받았다. 그럴 때면 의식적으로 내게 눈길을 돌렸다. 자잘한 일에도 스스로를 칭찬했고 아이와 별개로 나만의 취향과 결을 다듬으며 아이 쪽으로 치우친 시선을 내 쪽으로 끌어올 수 있었다. 그렇게 곁눈질로 나를 살폈다.

그럼에도 여전히 '나를 사랑해'라고 뜨겁게 외치진 못한다. 그러나 완벽하지 않아도 괜찮다고, 내가 못나고 바보 같아서 육아가 이렇게 힘든 건 아니라고, 가만히 되뇔 줄은 알게 되었다.

실제로 많은 분이 육아하며 그렇게 새로운 자신을 만났다고 한다. 새로운 취미나 직업을 갖게 되거나, 삶을 바라보는 틀 자체가 바뀌었다고 한다. 자신의 한계를 마주하고 아이를 이해하려 애쓰다 낯선 생각을 얻고, 세상과 자신에 대한 정의를 수정하는 커다란 경험을 한다. 나 역시 처음으로 나의 세세한 기호들, 습관들, 지리한 기억의 파편들까지 꺼내 보고 뒤집어보았다.

결코 편하고 느긋한 치유의 시간은 아니었다. 그러나 한 사람의 미래는 바로 그 시간, 외로울 때 무엇을 하느냐에 달린다. 외

로운 시절에 운동을 하면 운동선수가 되고, 그림을 그리면 화가
가 된다던가. 전문가가 되진 못해도 아마추어나 애호가가 되어
평생의 양식을 가질 수는 있을 테다.

무엇도 위안이 되어주지 못할 때, 나는 속에 든 말들을 끄집어
내었다. 훗날 아이에게 들려주고픈 다정한 이야기와 감정들은 물
론 피로와 좌절감까지 빠짐없이 기록했다. 그게 한 권의 책이 될
거라곤 생각지도 못한 채.

나에게 육아는 내향인으로서 정체성을 찾아가는 과정이었다.
엎친 데 덮친 격으로 아이와 성향이 달랐기에 더 열심히 공부할
수밖에 없었다. 내향성에 관련된 책과 논문들을 보며 그동안 내
가 얼마나 자신에 대해 무지했는지를 떠올렸다. 또, 그다지 대중
적이지 않은 내 육아 방식이 저자들이 말하는 '내향인들에게 좋
은 방식'임을 확인하며 안심하기도 했다.

내가 어떤 사람인지 아는 것으로 가족의 유대가 깊어지는 것도
느낄 수 있었다. 나와 아이는 기질이 다르지만, 어느 한 편을 위
해 억지로 다듬어지고 맞춰질 것이 아니라 그 존재로서 오롯해지
면 좋겠다는 바람이 생겼다. 그렇기에 가족의 도움을 구해 나만
의 시간을 마련했고, 그 안에서 회복되는 사소한 기쁨을 찾을 수
있었다. 물리적인 공간과 많은 시간에 연연했던 건 아니다. 하지
만 그것을 찾아내고 지켜내는 일이야말로 아이를 키우는 엄마의

숙제이자 육아의 거대한 일부임을 자분자분 배워간다.

소스라치게 외로운 날엔 어딘가에 있을 나와 비슷한 벗을 떠올리며 힘을 냈다. 그래서 나는 당신이 고맙다. 당신은 충분히 애쓰고 있다고, 무엇 하나 마음만큼 안 되어도, 남들보다 느리고 자주 눈물 흘려도, 꾸준히 나아가는 엄마는 장하고 대견하다고 말해주고 싶다.

지난 연말엔 태어나 처음으로 '어떠어떠한 내가 되게 해주세요'가 아닌 '오롯이 나답게 아낌없이 나로 살아가는 한 해 되게 해주세요'라고 기도했다. 올해는 나 아닌 다른 누구 말고, 지금 이 자리에서 가장 괜찮은 내가 되었으면 좋겠다.

나를 성장시킨 내향 육아

"조용하고 감성적인 당신에게
소란한 감정 노동인 육아는 힘이 들어요.
아이를 사랑하는 마음만큼 열정이 큰 것도 알아요.
하지만 천천히 가요. 많은 말에 휩쓸리지 않게,
많은 생각에 지치지 않게 조심해요.
자책하느라 소진되지 말아요.
에너지 레벨이 낮고 방전이 쉬운 우리는
에너지를 모으는 데 주력해야 해요."

독서신문에 '내향적인 엄마에게 육아서란'이란 제목의 글을 썼
던 게 벌써 재작년 여름입니다.

육아하며 간절히 듣고 싶던 말, 그러니까 내가 나를 다독이는 말을 적은 것이 이 책의 시작이었지요. 내향적인 성격으로 홍보 업무를 하는 것이 내향적인 성격으로 엄마가 되는 것보다 쉬웠던 이유를 책을 쓰며 알게 됐습니다. 육아는 아이라는 타인과의 협업입니다. 혼자서 충전하기에는 시간과 상황에 제약이 많지요. 그래서 내향적인 엄마에게는 육아 자체가 좀 더 어렵게 느껴지고요.

그러나 내향인 엄마를 위한 위안과 가이드는 어디에도 없었습니다. 정말이지, 하나도 쉬운 게 없었어요. 모두의 방법이 내 방법 같지 않았기에 결국 하나씩 헤쳐나가며 느끼고 깨우쳤습니다.

만약 제가 더 외향적이었다면 더 재미나고 편한 육아를 했을지도 모르겠습니다. 하지만 내향적이기에 육아를 통해 좀 더 근원적인 탐험을 하고픈 복잡하고도 어려운 마음이 생겼어요.

그 덕에 무엇이 나를 움직이고 행복하게 하는지 알게 되었으며, '글쓰기'라는 취미도 꺼내보게 되었습니다. 자극과 돌발을 최소화한 미니멀 라이프와 책육아를 진행한 것도 자극에 민감한 제 특성을 고려한 것이었고요. 대신 내향인의 강점인 공감 능력을 활용해 아이의 눈빛을 읽고 이야기를 들어주려 노력했습니다.

'육아'라는 프로젝트에 몰입할 수 있었던 것 역시 엉덩이가 무거운 내향적 특성 덕분이었어요. 내향인의 삶은 자신이 중요하다고 생각하는 핵심 프로젝트에 집중할 때 극적으로 향상된다고 합니다. 또한, 보상에서 비교적 자유롭기에 자신만의 길을 가며 에너지를 얻을 수 있다고 해요. 저 역시 어떤 보상이나 외부 기준에 덜 흔들렸기에 나름의 색깔이 있는 육아를 할 수 있었습니다.

단순하고 규칙적인 일상에서 얻는 소소한 기쁨은 영감이 되었습니다. 그렇게 SNS에 올린 육아 일상은 과분한 사랑과 공감을 얻었고, 방송과 잡지에 나오는 '사건'까지 발생했고요.

아이 때문에 힘들었다 말하지만 실은 아이가 저를 살렸습니다. 아이와 눈코 뜰 새 없이 바쁜 중에 예민했던 신경은 누그러졌고, 많은 것을 잊어가며 진짜배기 취향만 곁에 남았습니다. 아이는 제게 밝은 기운을 불어넣고 솔직하게 감정을 표현합니다. 같이 움직이고 살을 부비며 따스한 기억을 만들어갑니다. 움직이기 싫어하는 저를 문밖으로 끌어내는 것도 아이였어요. 아이 덕분에 잊었던 말들과 지나쳤던 장면들도 하나씩 복기됩니다. 상념에 빠져들면 아이가 저를 현실로 소환합니다.

엄마 오늘을 살아요. 하루하루 자라나는 나를 보세요. 오늘은 오늘뿐이에요. 그렇게 말하는 것도 같습니다.

아이를 낳고 참 열심히 살았습니다. 이제야 아기 띠를 둘러매고 기저귀 가방을 든 엄마들이 보입니다. 불과 몇 년 전의 내 모습 같아 아련합니다. 수수하고 씩씩한 그 모습이 예뻐서 한참을 바라봅니다. 오지랖인지는 몰라도 그네들을 위해 문을 잡아주거나 택시를 양보하기도 합니다. 한창 힘들 텐데 힘내라는 말은 전하지 못합니다. 대신 그 마음을 담아 글을 씁니다.

내향적인 제게는 '편안한 마음'이 최고라는 것도 육아하며 알게 된 사실입니다. 국민 육아템도, 유명한 육아서도 엄마 마음이 편안해야지만 의미를 갖습니다.

최근엔 '애도 낳아 키우는데 뭔들!' 하는 자신감도 조금 돋았어요. 엄마가 되는 일만큼 두렵고 떨리는 일이 또 있던가요. 못할 것 같던 그 일을 얼근얼근 하고 있는 자신이 신통하기도 합니다. 물 흐르는 듯한 아이의 성장을 보며 '이 또한 지나가리라'라는 마법의 주문도 갖게 되었어요. 신생아의 잠 없는 밤도, 세 살의 물장난도, 고집불통 네 살도, 결국엔 지나갔습니다.

이 무대뽀 정신과 희망도 출산과 육아가 준 선물일 테지요. 덕분에 여문 곳 없던 제가 이만큼 단단해졌습니다. 넘어지고 비틀대면서도 땅에서 발을 떼지는 않습니다. 처음 엄마가 되었지만, 이 정도면 장한 성장입니다.

기억과 경험, 내 삶의 총체가 엄마가 되어 드러납니다. 하면 할수록 내가 그려온 궤적은 걷잡을 수 없이 또렷해집니다. 두덕두덕 묻어둔 것들을 꺼내어 흙을 털고 볕을 쬐어줍니다. 잔가지를 솎아내고 물을 대주며 단단해지는 것 역시 제 몫입니다. 엄마가 되어 자랍니다. 어쩌면 평생 자란 것보다 더 많이 자란 것 같기도 합니다.

부족한 글을 읽어주신 다정한 분들께, '스미레의 육아 에세이' 연재의 기회를 준 독서신문과 고운 책 만드느라 밤낮없이 고생한 편집자님께 감사를 표합니다. 1년이 넘도록 매일 용기를 북돋워 준 가족들에게 사랑을 전합니다. 마지막으로 나를 나 되게 하신 그분 은혜에 감사하며 글을 마칩니다.

이 책 을 좀 더 일 찍 읽 었 더 라 면

윤하의 이야기를 처음 들은 것은 그의 할아버지인 황재국 교수
로부터입니다. 2012년 8월 말 정년을 하고 고향에 내려가 작은 과
학실을 짓고 동네 어린이들에게 과학실험을 지도하고 있음을 알
고 연락을 하신 것이었지요.

2018년 6월 어느 토요일에 윤하가 우리 과학실에 왔습니다. 어
른들이 담소를 나누는 동안 윤하를 데리고 과학실에서 실험을 하
였습니다. 오전에는 '식초와 레몬의 산도 비교'라는 주제로 소다
에 식초와 레몬즙을 각각 1ml씩 가하면서 발생되는 이산화탄소
기체를 눈금실린더에 포집하여 부피를 비교해보는 것이었습니다.

윤하가 오기 전에 준비한 실험 기구들을 테이블에 놓아두고 윤
하로 하여금 직접 설치하도록 했습니다. 물론 클램프 잡는 법 등

한두 가지는 설명해주었지만 윤하 혼자서 꼼꼼히 살펴가면서 실험 장치를 완벽하게 설치해냈습니다.

드디어 소다가 든 플라스크에 식초를 주사기로 1ml씩 가하게 되었습니다. 그런데 아이는 발생되는 기체의 모습에 그리 놀라워하지 않았습니다. 그 까닭을 그의 엄마가 쓴 이 책을 통해 알게 되었습니다. 윤하는 비슷한 실험을 그의 집 '부엌 실험실'에서 이미 해보았던 것입니다. 그날 내게 더 충격을 준 것은 윤하가 실험 도중 한 말입니다.

"소다가 식초와 반응해서 이산화탄소 기체가 발생하는 것은 화학적 변화이지요?"

'소다, 식초, 이산화탄소' 같은 물질 이름은 가르쳐주면 짧은 시간 내에 기억하고 말할 수 있는 낱말이지만, '반응, 발생'은 그렇다 쳐도 '화학적 변화'라는 과학 용어를 거침없이 쓰다니 입이 딱 벌어지고 귀를 의심하지 않을 수 없었습니다. '이게 도대체 어떻게 가능할까?' 하는 질문을 놓고 아내와 오랫동안 이야기를 하였는데, 그 해답을 이 책 『내향 육아』에서 찾을 수 있었습니다.

책을 삼분의 일쯤 읽었을 때 나의 두 아들과 며느리들이 이 책을 꼭 읽었으면 좋겠다는 생각을 했습니다. 다시 처음부터 읽으며 주목해야 할 대목에 밑줄을 그었습니다. 그리고 핵심 단어를 메모하였습니다. 이 책을 읽는 분들에게 불필요하다거나 달리 이해될 수도 있기에 여기에 나열하지는 않겠습니다만 첫아기를 임신

하고 분만하여 양육하는 6~7년간의 지침서로 단언컨대 매우 잘 쓰인 책입니다. 나와 아내가 두 아들을 낳아 키울 때 이 책이 존재했었더라면 우리가 겪은 큰 시행착오는 하지 않았을 텐데 하는 생각이 간절했습니다.

이 책을 읽은 소감과 더불어 추천하고픈 까닭을 몇 가지만 나열해 보았습니다.

첫째, 내용 서술에 있어서 진솔함이 따뜻하게 다가옵니다. 저자의 소박한 일상과 이야기들이 마치 마주 보고 대화하듯 들립니다.

둘째, 유익하고 유용한 육아 활동들이 있는 그대로 잘 제시되어 있습니다. 과학에 관심을 보이는 아이뿐 아니라 다른 방면에 관심을 가진 아이라 하더라도 아이의 호기심을 어떻게 키워주고, 소양을 키울 수 있는지를 생각해보게 합니다. 그리고 그 방법을 누구나 따라 할 수 있도록 세심하게 정리하여 수록하였습니다.

셋째, 육아 과정에서 부딪히는 많은 상황(다른 엄마들과의 교류, 출판이나 언론 매체들에서 쏟아지는 정보, 자아의 발견과 갈등 등)에 대해서 나름대로 인식 정리와 방향 제시가 잘 전개되어 있습니다.

마지막으로, 내향적 성격을 지닌 여성들에게 임신, 출산, 육아 과정에서 어떻게 도움을 줄 수 있을지를 고민하는 저자의 마음이 글에 녹아 있다는 것입니다.

윤하는 2018년 봄과 가을, 그리고 2019년 봄에 우리 과학실에
와서 실험을 하였는데, 사실 제가 윤하에게 무엇을 가르쳤다기보
다는 윤하를 통해 제가 더 큰 기쁨과 희열, 즐거움을 경험했다고
해야 맞을 것입니다. 그날의 일을 지금도 소중하고 아름다운 추
억으로 가슴에 간직되어 있습니다.

이 책을 통해 많은 아이들이 행복하게 꿈을 펼치며 자라나길,
가정에 평화가 깃들기를 바라마지 않습니다.

이창규 (강원대학교 화학과 명예교수)

내향적인   엄마의 조용한 열정

윤하 어머니와 처음 인연을 맺게 된 것은 제 책 『허걱!! 세상이 온통 과학이네(알에이치코리아)』에 있는 연락처를 보고 제게 문자를 주었을 때였습니다. 윤하가 그 책을 시커메질 정도로 보았고, 책에 실린 에피소드를 줄줄 외울 정도라고 하시면서 꼭 연락을 달라는 간절한 마음을 담아 문자를 주어서 그것을 보고 윤하 어머니와 처음 통화를 했었지요.

그 책은 중1에서 고1 수준의 학생들이 볼 수 있게 집필한 것이었기에 다섯 살 아기가 읽었다는 것에 무척 놀랐었습니다. 그리고 책을 통해 알게 된 저에게 직접 연락을 하시고, 어떻게든 윤하에게 도움이 되는 방향을 모색해보자고 노력하는 어머니의 열정에 놀라기도 했습니다.

이후 SBS 영재발굴단을 통해 제 연구소를 방문한 윤하를 처음 만났을 때 제가 제일 먼저 한 말도 "아주 아기가 왔네~"였어요. 그런데 다섯 살 윤하의 과학 지식수준은 고등학생 이상이었습니다. 특히 과학 중에서도 물리 파트에서는 기본적인 개념을 다 이해하고 있을 뿐만 아니라 어떤 상황인지 파악하는 능력도 뛰어나고, 응용까지 하는 능력을 보여주었지요.

그것은 아마도 어머니가 아이의 눈높이와 재능에 딱 맞는 맞춤형 육아를 제대로 하셨기 때문이었다고 봅니다. 내 아이가 능력을 잘 발휘하도록 키우고자 하는 부모님들에게 사랑과 조용한 열정으로 아이를 영재로 키운 저자의 경험이 큰 도움이 될 것입니다. 어떤 마음가짐으로, 어떤 환경을 조성해서 내 아이를 키워야 하는지 보여주는 이 책을 강력 추천드립니다.

최은정 과학교육학 박사 (최은정 과학교육연구소 소장)

내향 육아

초판 1쇄 발행 2020년 3월 31일
초판 7쇄 발행 2022년 4월 8일

지은이 이연진
펴낸이 이승현

편집1 본부장 한수미
책임 편집 조한나
디자인 urbook

펴낸곳 ㈜위즈덤하우스 **출판등록** 2000년 5월 23일 제13-1071호
주소 서울특별시 마포구 양화로 19 합정오피스빌딩 17층
전화 02) 2179-5600 **홈페이지** www.wisdomhouse.co.kr

ISBN 979-11-90630-83-2 13590